中等职业教育旅游类专业系列教材

调酒知识与酒水出品实训教程

主编　林小文

副主编　任　彤　潘　珩　刘德枢

科学出版社

北　京

内 容 简 介

本书以酒吧酒水调制和出品的实际工作流程为主线来设计与编写，即"点单—器具与材料准备—酒水出品"，使学生学习后能够顺利完成酒品的出品与服务。最后，通过"知识银行"来丰富调酒的基础知识，使学生了解更多的专业知识，用于指导实践，提升创新意识，并通过"拓展训练"来巩固理论知识。全书共分五个模块，以实操图片和视频，详细地介绍了软饮料、葡萄酒、外国蒸馏酒、配制酒、鸡尾酒的出品服务。本书内容新颖、通俗易懂、图文并茂，并配备实际工作视频，是一本适用、够用、好学、好教的教材。

本书既可作为中职中专旅游服务专业的酒水教材，又可以供旅游餐饮业培训使用。

图书在版编目（CIP）数据

调酒知识与酒水出品实训教程/林小文主编. —北京：科学出版社，2014.2
（中等职业教育旅游类专业系列教材）

ISBN 978-7-03-039721-8

Ⅰ．①调… Ⅱ．①林… Ⅲ．①酒-勾兑-职业教育-教材 ②酒吧-商业服务-职业教育-教材 Ⅳ．①TS972.19 ②F719.3

中国版本图书馆CIP数据核字（2014）第022345号

责任编辑：毕光跃 殷晓梅/责任校对：柏连海
责任印制：吕春珉/封面设计：艺和天下设计部
版式设计：金舵手世纪

科 学 出 版 社 出版
北京东黄城根北街16号
邮政编码：100717
http://www.sciencep.com

三河市骏杰印刷有限公司 印刷
科学出版社发行 各地新华书店经销

＊

2014年4月第 一 版 开本：787×1092 1/16
2023年1月第八次印刷 印张：11 1/4
字数：267 000

定价：58.00元

（如有印装质量问题，我社负责调换〈骏杰〉）

销售部电话 010-62136230 编辑部电话 010-62135397（VF02）

 *Preface* 前 言

教育是国之大计、党之大计。培养什么人、怎样培养人、为谁培养人是教育的根本问题。近年来，伴随社会经济和旅游酒店业的快速发展，酒吧服务与调酒人才的需求量也日益增加。为更好地体现"理实一体化"的教学特点，为工学交替服务，特由具有丰富调酒教学经验和专业调酒实践操作的一线专业教师和调酒师共同编写本书。

全书共分五个模块，分别是软饮料、葡萄酒、外国蒸馏酒、配制酒、鸡尾酒的出品服务。本书内容与酒吧岗位要求相对接，教学过程与实际工作相匹配，以"酒单"体现学习内容，以"酒水出品"表现实训过程，以"知识银行"丰富职业发展需求，使学生能够顺利完成酒品出品与服务，更具职业提升发展的潜力。

本书由林小文担任主编，由任彤、潘珩、刘德枢担任副主编，并由香港职业训练局的资深餐饮讲师、英国葡萄酒及烈酒学会院士、法国波尔多葡萄酒学院认可讲师林震峰先生审阅。编写分工如下：模块一由浙江省安吉职业教育中心学校潘珩编写，模块二和模块三由宁波市北仑职业高级中学林小文编写，模块四由杭州旅游职业学校金小娅编写，模块五由青岛烹饪学校刘德枢和赵荣共同编写。书中图片由林小文、潘珩、刘德枢、金小娅、宁波保税区永裕贸易有限公司的林宏伟等人提供，或来自公开网站；参与调酒视频拍摄的有林小文、潘珩、刘德枢、宁波南苑新城酒店的任彤和刘恒望、青岛烹饪学校的孙伟和臧磊、浙江省安吉职业教育中心学校的陈亮和余叶等。本书的编写还得到了宁波市北仑职业高级中学、浙江省安吉职业教育中心学校、青岛烹饪学校、杭州旅游职业学校、宁波南苑新城酒店、宁波南苑环球酒店、宁波香格里拉酒店、宁波保税区永裕贸易有限公司等的大力支持和帮助，在此一并表示诚挚的谢意。

由于时间和水平有限，书中难免有不足之处，恳请广大读者批评指正。

林小文

2014 年 3 月

Contents 目 录

Chapter 1

软饮料出品

模块一

| 任务一 | 碳酸饮料出品 |

点单

9 月 8 日下午 3:00，住店客人 Catherine 来到中国大酒店，在此等候朋友 Mike。在得知 Mike 要下午 3:30 才能到达酒店后，Catherine 走到大堂吧（Lobby Bar），稍作休息。

大堂吧服务员 Linda 看到 Catherine 走过来，微笑着请客人坐下，双手递送上大堂吧饮料单，并翻到第一页"碳酸饮料"，如图 1-1 所示。

Lobby Bar Beverage List
大堂吧饮料单

Carbonated Beverage（碳酸饮料）	Bottle/ 瓶
Coca-Cola（可口可乐）	38
Coke Light（健怡可乐）	38
Sprite（雪碧）	38
Fanta（芬达）	38
Pepsi-Cola（百事可乐）	38
7 Up（七喜）	38
Mirinda（美年达）	38
Mountain Dew（激浪）	38
Watson's Ginger Ale（屈臣氏干姜汽水）	38
Watson's Tonic Water（屈臣氏汤力汽水）	38
Watson's Soda Water（屈臣氏苏打水）	38
Schweppes Cream Soda（舒味思奶油苏打水）	38

All Prices are in RMB and inclusive of Tax and Service Charge.
所有价格为人民币结算并已包含服务费。

图1-1 大堂吧饮料单·碳酸饮料

经过 Linda 的细致介绍，Catherine 点了一罐可口可乐。

器具与材料准备

柯林斯杯（collins glass）1个，吸管 1 根，搅拌棒 1 根，杯垫（coaster）2 个，如图 1-2 所示；可口可乐 1 罐，柠檬片 1 片，冰块适量，如图 1-3 所示。

（a）柯林斯杯　　　（b）杯垫　　　（a）可口可乐　　　（b）柠檬片　　　（c）一桶冰块

图1-2　碳酸饮料器具准备　　　　　图1-3　碳酸饮料材料准备

 酒水出品

1-1　可口可乐出品

一、服务程序

提供冰镇可乐的服务程序如下（图 1-4）。

1）把两张杯垫摆放在吧台上，杯垫图案朝向 Catherine。

2）在柯林斯杯中加入半杯冰块，放在靠近 Catherine 右手侧的杯垫上。

3）请 Catherine 确认汽水品牌，并询问其是否现在打开。

4）商标正面朝向 Catherine，将可口可乐倒入杯中至八分满。

5）将可口可乐罐摆放在柯林斯杯右上方的垫上，商标正面朝向 Catherine。

6）询问客人是否需要加入柠檬片。

（a）放置杯垫　　　（b）加入冰块　　　（c）确认品牌

图1-4　碳酸饮料的服务程序

3

（d）注入可乐

（e）放置可乐

（f）询问并配送柠檬片

（g）插入吸管、搅拌棒

（h）示意慢用

（i）询问是否再来一罐

图1-4 碳酸饮料的服务程序（续）

7）在柯林斯杯中放入一根搅拌棒和一根吸管。

8）请 Catherine 慢慢品尝。

9）主动为客人添加可口可乐，并及时询问其是否需要再来一罐。

二、出品标准与注意事项

提供碳酸饮料服务时的出品标准及注意事项主要包括以下几个方面。

1）碳酸饮料饮用前需要冷藏，最佳饮用温度为 10℃。

2）一般使用柯林斯杯并加入半杯冰块。

3）倒碳酸饮料时，瓶口不能触到杯口边缘。

4）碳酸饮料出品可在杯中加入柠檬片（橙味汽水除外）。

5）碳酸饮料应在客人面前打开。

 知识银行

一、软饮料

软饮料（soft drink/non-alcoholic drink）又称非酒精饮料，是指不含酒精或酒精含量在 0.5% 以下的饮料。世界各国对软饮料的分类并不统一，酒店中常见的软饮料有三大类：碳酸饮料、矿泉水和果汁。

二、碳酸饮料

碳酸饮料（carbonated beverage）是一种富含二氧化碳的非酒精饮料，由水、甜味剂、香料、酸味剂等原料混合调制而成，再经人工加压充入二氧化碳。

三、碳酸饮料的主要原料

碳酸饮料的原料主要是饮料用水、二氧化碳、食品添加剂等。

1）饮料用水。碳酸饮料中水的含量在 90% 以上，因此水质的优劣对产品质量的影响甚大。饮料用水比一般饮用水对水质有更严格的要求，对水的硬度、浊度、色、味、嗅等各项指标的要求都比较高。

2）二氧化碳（carbon dioxide）。碳酸饮料所用的气体一般是用钢瓶包装的、液态的二氧化碳，通常要经过处理才能使用。随着科学技术的发展，目前酒吧已经有了苏打枪。苏打枪主要用于制作碳酸饮料，配合"二氧化碳充气囊"使用，每次使用一支"二氧化碳充气囊"。

3）食品添加剂。碳酸饮料生产中使用的食品添加剂有甜味剂、酸味剂、香味剂、食用色素、防腐剂等。甜味剂主要是蔗糖；酸味剂主要是柠檬酸、苹果酸、酒石酸等；香味剂一般是果香型水溶性食用香精，常见的是橘子、柠檬、香蕉、菠萝、苹果等果香型食用香精；食用色素多采用合成色素。

四、碳酸饮料分类

碳酸饮料通常分为可乐型、果汁型、果味型、苏打水 4 种。

1）可乐型碳酸饮料是用可乐果、柠檬酸、糖、焦糖色及香料等调制而成的一种饮料，如可口可乐、百事可乐（Pepsi-Cola）、非常可乐等，其色泽为黑褐色，无沉淀物，酸甜适口，风味独特。

2）果汁型碳酸饮料是指原果汁含量不低于 2.5% 的碳酸饮料，如橘子汽水、菠萝汽水等。

3）果味型碳酸饮料是指以食用香精为主要赋香剂，原果汁含量低于 2.5% 的碳酸饮料，如柠檬味的雪碧（Sprite）、姜汁味的姜汁汽水（Ginger Ale）等。

4）苏打水（Club Soda/Soda Water）是用苏打为原料制成的纯碳酸饮料，无色无味，不含有任何其他香味剂和糖分，可直接饮用。

五、碳酸饮料常见品牌

国际碳酸饮料市场，长期以来都由可口可乐、百事可乐、雪碧、七喜（7-Up）四大品牌所垄断。目前，市场上常见的碳酸饮料有以下几种。

1. 可口可乐

可口可乐（图 1-5）是世界上最早的可乐，由美国人约翰·S. 彭伯顿（John S. Pemberton）于 1886 年在美国佐治亚州亚特兰大市首次配制。1892 年，可口可乐公司用重金将配方垄断。可口可乐内含两种热带植物，一种是古柯树（Coca）的树叶浸提液，另一种是可乐（Cola）果的种子抽出液。

2. 百事可乐

在可口可乐配置成功后的第 12 个年头——1898 年，美国北卡罗来纳州的一位药剂师凯莱布·布雷德汉姆（Caleb Bradham）配置出了另一种可乐，取名"百事可乐"（图 1-6）。

3. 柠味汽水

柠味汽水（lemonade）是一种由柠檬汁、水、糖、二氧化碳制成的汽水。常见的品牌有雪碧、七喜等（图 1-7 和图 1-8）。

图1-5　可口可乐　　图1-6　百事可乐　　图1-7　雪碧　　图1-8　七喜

4. 汤力汽水

汤力汽水又称"奎宁水"，是用奎宁（Quinine）和柠檬调制而成的碳酸饮料。奎宁是从金鸡纳树皮中提取的，用来治疗疟疾的特效药。汤力汽水常见的品牌有屈臣氏（Watson's）、舒味思（Schweppes）等。

5. 干姜汽水

干姜汽水是一种带有生姜香味的汽水。常见的品牌有屈臣氏、舒味思等。

6. 苏打水

苏打水，在香港称为"忌廉苏打"，由水和碳酸氢钠制成，并压入二氧化碳，无色无味，可纯饮，也可用于调制混合饮品。常见的品牌有屈臣氏、舒味思等。

屈臣氏和舒味思的汤力汽水、干姜汽水及苏打水如图 1-9 和图 1-10 所示。

（a）屈臣氏汤力汽水　　（b）屈臣氏干姜汽水　　（c）屈臣氏苏打水

图1-9　屈臣氏

7. 橙味汽水

橙味汽水（orangina）常见的品牌有芬达（Fanta）、新奇士（Sunkist）、美年达（Mirinda）等，如图 1-11 所示。

（a）舒味思汤力水　（b）舒味思干姜汽水　（c）舒味思苏打水　　　（a）芬达　　　（b）新奇士　　　（c）美年达

图1-10　舒味思　　　　　　　　　　　图1-11　橙味汽水

六、保存

碳酸饮料的保质期一般为 6 ～ 12 月，可在常温阴凉的地方避光保存，或放置冰箱内冷藏储存。

七、酒吧英语

Soft Drink

A soft drink is a beverage that contains water，usually a sweetener, and usually a flavoring agent. Soft drinks are called "soft" in contrast to "hard drinks"（alcoholic beverages）. A small amount of alcohol may be present in a soft drink, but the alcohol content must be less than 0.5% of the total volume. Widely sold soft drink flavors are cola, lemon-lime, root beer, orange, grape, ginger ale. Soft drinks may be served chilled or at room temperature. They are rarely heated.

参考译文

软　饮　料

软饮料是一种含水饮料，通常还会含有甜味剂和增香剂。软饮料中的"软"字是相对于"硬饮料"（即酒精饮料）而言的。软饮料中也可以含有少量酒精，但其含量不能超过 0.5%。目前畅销的软饮料有可乐、柠檬汽水、沙士、橙汁、葡萄汽水和干姜汽水等。软饮料可以冰镇亦可以常温饮用，但很少加热饮用。

拓展训练

1. 练习为客人推荐碳酸饮料

要求：1）熟记酒吧现有的碳酸饮料品种、价格。

2）熟悉碳酸饮料的定义、特点、品牌。

2. 练习汽水的出品

要求：1）辨别碳酸饮料的载杯。

2）了解碳酸饮料的出品标准。

3）熟悉碳酸饮料的服务程序。

任务二　　矿泉水出品

点单

9月8日下午3:30，Mike到达中国大酒店。他一眼就看见了Catherine，径直走向大堂。大堂吧服务员Linda看到Mike走过来，微笑着接待客人，将大堂吧饮料单翻到第二页"矿泉水"（图1-12），并双手递送给客人。

Lobby Bar Beverage list
大堂吧饮料单

Mineral Water（矿泉水）	Bottle/ 瓶
Perrier 750mL（巴黎矿泉水 750mL）	88
Perrier 330mL（巴黎矿泉水 750mL）	68
Apollinaris（阿波利纳里斯）	68
Vichy Celestins Naturally Alkaline（维希矿泉水）	68
Mountain Valley Spring Water（山谷矿泉水）	58
Deer Park Spring Water（鹿园矿泉水）	58
Evian（依云矿泉水）	58
Vittel（伟图矿泉水）	58
San-Pellegrino（圣佩莱格里诺）	58
Suntory（三得利矿泉水）	48
Kirin（麒麟矿泉水）	48
Laoshan（崂山矿泉水）	38

All Prices are in RMB and inclusive of Tax and Service Charge.
所有价格为人民币结算并已包含服务费。

图1-12　大堂吧饮料单·矿泉水

Mike 听了 Linda 的介绍后，希望品尝一下含有天然二氧化碳的矿泉水，因此他点了一瓶巴黎矿泉水。

 器具与材料准备

高脚水杯（图 1-13）1 个，杯垫（图 1-2）2 个，巴黎矿泉水 1 瓶，青柠片若干，如图 1-14 所示。

图1-13　高脚水杯

（a）巴黎矿泉水

（b）青柠片

图1-14　矿泉水材料准备

 酒水出品

1-2　巴黎矿泉水出品

一、服务程序

提供巴黎矿泉水的服务程序如下（图 1-15）。

1）把两张杯垫摆放在吧台上，杯垫图案朝向 Mike。

2）把高脚水杯放在靠近 Mike 右手侧的杯垫上。

3）请 Mike 确认品牌，并询问其是否现在打开。

4）商标正面朝向 Mike，将巴黎矿泉水斟倒入杯中至八分满。

5）把巴黎矿泉水瓶摆放在高脚水杯右上方的杯垫上，商标正面朝向 Mike。

6）询问客人是否需要加入青柠片。

7）请客人慢慢品尝。

8）主动为客人添加矿泉水，并及时询问其是否再来一瓶。

二、出品标准与注意事项

1）矿泉水饮用前需要提前冷藏，最佳饮用温度为 8 ～ 12℃。

（a）放置杯垫

（b）放置高脚水杯

（c）确认品牌

（d）倒入巴黎水

（e）放置矿泉水

（f）询问是否添加青柠片

（g）加入青柠片

（h）示意慢用

（i）询问并添加矿泉水

图1-15 服务程序

2）选择正确的载杯——高脚水杯、柯林斯杯或海波杯。

3）不宜在矿泉水中添加冰块。

4）可以依据客人口味，添加柠檬片。

5）瓶装水应在客人面前打开。

 知识银行

一、矿泉水

1993 年，世界卫生组织专家组会议讨论了矿泉水的国际标准，作出了如下定义：天然矿泉水是来自天然的或人工井的地下水源的细菌学上健全的水，天然矿泉水分为含气（sparkling）和不含气（still）两种类型。

二、矿泉水的特点

矿泉水是未受污染的地下矿水，含有一定量的矿物盐、微量元素或二氧化碳气体。在通常情况下，矿泉水的化学成分、流量、水温等动态指标在天然波动范围内相对稳定。

三、矿泉水的品种

从国内外矿泉水的生产状况来看，矿泉水可分为天然矿泉水和人造矿泉水两大类。

1. 天然矿泉水

天然矿泉水（natural mineral water）是指自然涌出或通过人工钻孔的方法引出地下深层未受污染的水。这种矿泉水常以原产地命名，并在矿泉所在地直接生产包装。由于受产地地质结构和水文状况的影响，这种水在矿物质成分含量上差别很大，因此，它们的饮用效果也不尽相同。

2. 人造矿泉水

人造矿泉水（artificial mineral water）是将普通的饮用水经过人工过滤、矿化、除菌等工艺，加工而成的水。人造矿泉水所含的成分可人为调整，并使其成分保持相对稳定。人造矿泉水的生产可以不受地区及其他自然因素的影响，是矿泉水生产的主要方向。

四、矿泉水的常见品牌

1. 巴黎矿泉水

巴黎矿泉水（法国）是一种天然含气的矿泉水，被誉为"水中香槟"。其水源为法国南部的加尔省。传统的巴黎矿泉水中只有矿物盐和二氧化碳，但部分国家会在水中加入精油，制成调味型巴黎水。目前，巴黎矿泉水有多种口味，如原味、青柠味、柠檬味等。Perrier是该公司创办人的姓氏。"Perrier Mineral Water"之所以译成"巴黎矿泉水"，与巴黎无关，仅因为其前两个音节与巴黎（Paris）的法文发音相近。

2. 依云矿泉水

依云矿泉水（Evian，法国）是世界上销量最大的矿泉水，以无泡、纯洁、略带甜味著称，特别柔和。Evian 的名字，源自凯尔特语"evua"，即"水"的意思。依云天然矿泉水的水源地是法国依云小镇，背靠阿尔卑斯山，面临莱芒湖，远离任何污染和人为接触。长达 15 年的天然过滤和冰川砂层的矿化，漫长的自然过滤过程为依云矿泉水注入了天然、均衡、纯净的矿物质成分，适合人体需求，安全健康。

3. 维希矿泉水

维希矿泉水（Vichy - Celestins，法国）产于法国中央高原的著名旅游胜地维希地区，维希矿泉水是火山爆发形成的，矿泉带大约有 103 处，目前共开发利用 15 个矿泉井，而维希矿泉水是唯一可以喝的矿泉水，其他矿泉水因杂质多，不宜饮用。另外，著名的"薇姿"品牌化妆品也与维希地区矿泉水的疗效有关。

4. 伟图矿泉水

法国伟图矿泉水（Vittel）被采用作为补充矿物质的饮用水已有近 150 年的历史，直接采自位于法国东北部沃尔斯山的天然泉水源是世界公认的最佳的纯天然矿泉水，享誉于欧洲及美国，有着悠久的历史并受到广泛的青睐。

5. 阿波利纳里斯矿泉水

阿波利纳里斯矿泉水（Apollinaris，德国）是德国莱茵地区出产的，含有天然的碳酸气体，口味纯净，没有异味，用于饮用或调制混合饮料。阿波利纳里斯矿泉水在世界各地被美食鉴赏家视为享用美食及品酒时相当理想的佐餐饮品，它在欧洲是历史悠久的品牌之一，并已享有国际名望超过百年。

6. 圣佩莱格里诺

圣培露（San-Pellegrino，意大利）又译圣佩莱格里诺，拥有"水中之王"的美誉。圣佩莱格里诺天然碳酸气矿泉水的发源地位于意大利北部贝加莫省的圣萨尔瓦多。这是一处生产优质矿泉水的天赐宝地，意大利白云石 30 年的天然过滤，使得圣佩莱格里诺矿泉水成为一种富含矿物质（兼备排解尿酸等功效）的优质天然饮用水。

7. 青岛崂山矿泉水

"崂山"品牌起源于 1905 年，作为世界上罕见的低矿化度、复合型天然矿泉水，自 20 世纪 30 年代起，"崂山"系列饮品就批量出口，远销海内外，被誉为"琼浆玉液"。新中国成立后，"崂山"系列饮品更是成为国宴用水，并长期保持全国出口量第一的桂冠，成为当之无愧的"中国第一水"。百年来，"崂山"矿泉水以其悠久的历史、卓越的品质享誉海内外，畅销百年而不衰。

以上各品牌矿泉水如图 1-16 所示。

（a）巴黎矿泉水　（b）依云矿泉水　（c）维希矿泉水

（d）伟图矿泉水　（e）阿波利纳里斯　（f）圣佩莱格里诺　（g）青岛崂山矿泉水

图1-16　矿泉水常见品牌

五、矿泉水的保存

矿泉水应避免太阳暴晒，冷藏储存为宜。

六、酒吧英语

Mineral Water

Mineral water has been used for centuries for health and enjoyment reasons. It is defined as 100 percent natural water that usually comes from underground water sources like springs. Its popularity has grown in recent decades as research continues to show that mineral water is much healthier to drink than tap water or even purified water. Mineral water contains naturally occurring minerals and provides many benefits to consumers. In modern times, it is far more common for mineral waters to be bottled at the source for distributed consumption.

参考译文

矿 泉 水

几个世纪以来，矿泉水一直被人们用于养生和享受。它通常来自于包括泉水在内的地下水源，被定义为 100% 的天然水。近几十年来，随着多项研究表明，矿泉水比自来水，甚至比纯净水更健康。因此，它受欢迎的程度越来越高。矿泉水含有多种天然矿物质，更有益于人们的身体健康。现在，矿泉水更常见的是在源头灌装然后再分销出去。

拓展训练

想一想：为什么矿泉水饮用时不宜在杯中加入冰块？

酒店使用的冰块是由制冰机制成的，而连接制冰机的水源一般是经过过滤的自来水。如果在矿泉水或蒸馏水中添加冰块，会影响口感，因此矿泉水或蒸馏水需要在冰柜中连瓶冷冻，达到饮用温度即可装杯，服务时不需加冰。

任务三　　果 汁 出 品

点单

9月9日下午4:30，Catherine 和 Mike 完成了一天的商务活动，回到下榻的中国大酒店，坐在大堂吧讨论第二天的工作。大堂吧服务员 Linda 看到 Catherine 和 Mike 走过来，微笑着接待客人，待客人坐定后，双手递送上大堂吧饮料单。客人翻开大堂吧饮料单第三页"果汁"，如图 1-17 所示。

Lobby Bar Beverage list
大堂吧饮料单

Fruit Juice（果汁）	Glass / 杯
Orange Juice（橙汁）	38
Grapefruit Juice（西柚汁）	38
Tomato Juice（番茄汁）	38
Pineapple Juice（菠萝汁）	38
Grape Juice（葡萄汁）	38
Raisin Juice（提子汁）	38
Mango Juice（芒果汁）	38
Pomegranate Juice（石榴汁）	38
Tomato & Carrot Juice（番茄胡萝卜汁）	38
Kiwifruit Juice（猕猴桃汁）	38
Coconut Milk（椰子汁）	38
Black Currant Juice（黑加仑汁）	38
Cranberry Juice（蔓越莓汁）	38

All Prices are in RMB and inclusive of Tax and Service Charge.
所有价格为人民币结算并已包含服务费。

图1-17　大堂吧饮料单·果汁

　　今晚 Catherine 和 Mike 还有商务应酬，现在他们就想喝点果汁。在 Linda 的介绍下，Catherine 选择了橙汁，Mike 点了杯鲜榨番茄胡萝卜汁。

器具与材料准备

　　高脚水杯和平底水杯各 1 个，榨汁机 1 台如图 1-18，杯垫（图 1-2）2 个；西瓜 1 份，番茄 1 个，胡萝卜 1 根切成粒，蜂蜜适量，如图 1-19 所示。

酒水出品

一、服务程序一

　　鲜榨西瓜汁的服务程序如下（图 1-20）。

1-3　鲜榨西瓜汁出品

（a）高脚水杯　　　（b）平底水杯　　　（c）榨汁机

图1-18　器具

（a）西瓜　　　　　（b）番茄　　　　　（c）胡萝卜粒　　　　　（d）蜂蜜

图1-19　材料

1）将西瓜肉切成块状或细条状。

2）将西瓜块状肉放入榨汁机。

3）打开榨汁机电源，取果汁杯开始榨取西瓜汁。

4）榨取西瓜汁至果汁杯的八分满。

5）把杯垫放在吧台上，杯垫图案朝向 Catherine。

6）把一杯西瓜汁摆放在杯垫上，在杯中插入吸管和搅拌棒。

7）请 Catherine 品尝。

8）及时询问客人是否续杯。

（a）切西瓜块　　　　　　（b）投入西瓜块　　　　　　（c）开机、榨汁

图1-20　鲜榨西瓜汁的服务程序

（d）榨取至八分满

（e）放置杯垫

（f）放置西瓜汁

（g）插入吸管、搅拌棒

（h）示意慢用

图1-20　鲜榨西瓜汁的服务程序（续）

二、服务程序二

1-3　胡萝卜番茄汁出品

鲜榨胡萝卜番茄汁的服务程序如下（图1-21）。

1）将胡萝卜和番茄切成小块后加入蜂蜜和纯净水。

2）开启榨汁机，将原料搅打成汁即可。

3）榨取番茄胡萝卜汁至果汁杯八分满。

4）把杯垫放在吧台上，杯垫图案朝向 Mike。

5）把一杯番茄胡萝卜汁摆放在杯垫上。

6）请 Mike 品尝。

7）及时询问客人是否续杯。

（a）加入胡萝卜粒

（b）加入番茄块

（c）加入蜂蜜、纯净水

图1-21　鲜榨番茄胡萝卜汁的服务程序

（d）开机、榨汁

（e）榨取八分满

（f）放置杯垫

（g）放置番茄胡萝卜汁

（h）示意慢用

图1-21　鲜榨番茄胡萝卜汁的服务程序（续）

三、出品标准与注意事项

1）饮用前需要冷藏，最佳饮用温度为10℃。

2）使用果汁杯或高杯，如飓风酒杯，杯中不加冰块。

3）绝大部分果汁不在杯中加入冰块和柠檬。

飓风酒杯如图1-22所示。

图1-22　飓风酒杯

 知识银行

一、果汁

果汁（fruit juice）是以水果为原料，经过物理方法，如压榨、离心、萃取等，得到的汁液产品，一般是指纯果汁或100%果汁。

二、果汁的分类

果汁品种很多，酒吧中分为鲜榨果汁、罐（瓶）装果汁、浓缩果汁三大类。

1. 鲜榨果汁

鲜榨果汁是一种以新鲜或冷藏水果为原料，用榨汁工具榨取的水果原汁。鲜榨果汁富含维生素，对人体的健康很有益处，深受消费者的喜爱。按照酒店卫生质量标准，鲜榨果汁在冰箱中的保质期为 1 天。

2. 罐（瓶）装果汁

罐（瓶）装果汁是在原果汁中加入水、糖、酸味剂等调制而成的饮料。用罐（瓶）包装，开瓶即可直接饮用，无须兑水稀释。

由于瓶装果汁质量稳定，酒吧常用其作调酒辅料，常见的种类有菠萝汁、橙汁、番茄汁、西柚汁、红莓汁等。

3. 浓缩果汁

浓缩果汁是采用物理方法从原果汁中除去一定比例的天然水分，制成具有与原果汁相同特征的饮料。浓缩果汁稀释后才能饮用。

三、常见的果汁

酒吧中常见的鲜榨果汁含有橙汁（orange juice）、柠檬汁（lemon juice）、苹果汁（apple juice）、青柠汁（lime juice）、菠萝汁（pineapple juice）、番茄汁（tomato juice）、西柚汁（grapefruit juice）、蔓越莓汁（cranberry juice）、葡萄汁（grape juice）、提子汁（raisin juice），还有椰子汁（coconut milk）、芒果汁（mango juice）、黑加仑汁（black currant juice）、西瓜汁（watermelon juice）、胡萝卜汁（fresh carrot juice）、猕猴桃汁（kiwi juice）、木瓜汁（papaya juice）、山楂汁（haw juice）等。

常见鲜榨果汁的原料如图 1-23 所示。

（a）橙子　　　　　　　（b）苹果　　　　　　　（c）青柠

（d）菠萝　　　　　　　（e）西柚　　　　　　　（f）番茄

图1-23　常见鲜榨果汁的原料

罐（瓶）装果汁，因为其原果汁含量低，所以酒吧较少将此类果汁作为纯饮，而一般用作调酒辅料。

酒吧中也有用浓缩果汁作为调酒辅料的，常见的品牌有新的（Sunquick）浓缩果汁（图1-24）和屈臣氏浓缩果汁。使用浓缩果汁时，需要兑水稀释，如新的浓缩果汁常按1：9兑水稀释，屈臣氏浓缩果汁常按1：3兑水稀释。

图1-24　新的（Sunquick）浓缩果汁

四、果汁的服务要求与保存

按照酒店卫生质量标准，鲜榨果汁室温下的保存期为2个小时，在冰箱中的保质期为1天。稀释后的浓缩果汁在冰箱中的保质期为2天。

五、酒吧英语

A Juice Bar

A juice bar is an establishment which serves prepared juice beverages such as freshly squeezed or extracted fruit juices, juice blends, fruit smoothies. Juice bars maybe stand alone businesses in cities, or locate at gyms, along commuter areas, near lunch time areas, at beaches, and at tourist attractions.

参考译文

果 汁 吧

果汁吧是提供现榨果汁饮料的区域，这些果汁饮料包括新鲜压榨或者萃取的果汁、混合果汁和水果冰沙等。果汁吧可以单独设立于城区，或设立于健身房内、交通枢纽站附近、餐馆附近、海滩上或者旅游景点内等。

拓展训练

练习为客人制作鲜草莓柠檬汁。

（1）材料及器具

柠檬 1/3 个，草莓 10 颗，蜂蜜 1 小匙，榨汁机，柯林斯杯或果汁杯。

（2）操作步骤

1）将草莓摘除蒂，洗净，整粒放入果汁机内。

2）柠檬洗净将汁液压入果汁机内。

3）倒入 2/3 玻璃杯的直饮水或者冷开水搅打成浓汁液。

4）将汁液全部倒入杯内。

5）将蜂蜜倒入果汁之内，搅拌均匀插入吸管，并用柠檬片装饰后即可饮用。

Chapter 2

葡萄酒出品

模块二

任务一　　葡萄酒推荐

点单

9月9日晚上9:00，Catherine 和 Mike 商务宴会后走进中国大酒店的龙虾酒吧。调酒师 Jack 微笑着接待客人，听见客人询问葡萄酒，就双手递送上龙虾酒吧酒单，翻开第一页葡萄酒目录，如图2-1所示。

Lobster Bar Beverage list
龙虾酒吧扒房红酒单

Wine	Pages
Cellar Selections	1～2
Wine By Glass（杯装葡萄酒）	2
Champagne（香槟）	3
White Wine（白葡萄酒）	3
Red Wine（红葡萄酒）	3
Dessert Wine（餐后甜酒）	3
White Wine（白葡萄酒）	4～5
France（法国产）	6～7
Italy（意大利产）	7
Germany（德国产）	8
Australia（澳大利亚产）	9
New Zealand（新西兰产）	9
USA（美国产）	10
Chile（智利产）	10
China（中国产）	10
Fortified Wine（强化葡萄酒）	10
Sherry（雪利酒）	10
Port（波特酒）	10

图2-1　龙虾酒吧酒单·葡萄酒目录

Jack 曾经系统地学习过葡萄酒，他耐心地给 Catherine 和 Mike 介绍葡萄酒的相关知识，并为客人示范"酒鼻子"的使用方法，引导他们如何更专业地品鉴葡萄酒的色、香、味等特征，以及如何更好地搭配餐酒。

 器具与材料准备

酒鼻子 1 套，葡萄酒杯 3 个，葡萄酒开瓶器（酒刀），餐巾 2 条，如图 2-2 所示；红酒 1 瓶，如图 2-3 所示。

（a）酒鼻子　　　　　　（b）葡萄酒杯

（c）葡萄洒开瓶器　　　　（d）餐巾

图2-2　葡萄酒器具

图2-3　红酒

 品鉴服务

葡萄酒品鉴服务程序如下。

1）提供适合品鉴葡萄酒的环境，如图 2-4 所示。

图2-4　品鉴葡萄酒的环境

2）斟出一杯葡萄酒，请客人观察葡萄酒的颜色，如图2-5所示。

3）请客人初闻葡萄酒的香气，寻找记忆库中的葡萄酒香气类型，如图2-6所示。

图2-5　斟好的葡萄酒

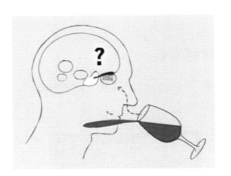

图2-6　初闻葡萄酒

4）提供对应香气类型的"酒鼻子"，让客人分辨和印证葡萄酒的香气类型，如图2-7所示。

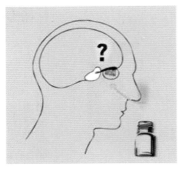

（a）分辨

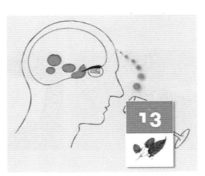

（b）印证

图2-7　分辨和印证

5）再闻葡萄酒和"酒鼻子"，请客人强化葡萄酒香气辨认和记忆，如图2-8所示。

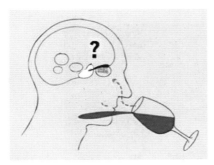

（a）再闻葡萄酒

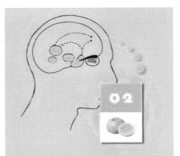

（b）再闻"酒鼻子"

图2-8　强化记忆

6）请客人小啜一口葡萄酒，含在口中并用舌头轻轻地搅动酒液，使味蕾充分感受葡萄酒的口感，如图2-9所示。

（a）　　　　　　　　　　（b）

图2-9　充分感受葡萄酒的口感

7）请客人讨论并记录该葡萄酒的特点，如表2-1所示。

表2-1　Tasting Note（品酒记录表）

Details of wine（葡萄酒信息）
Name（名称）： Country（国家）： Region（产地）： Vintage（酿造期）：
Appearance（色泽）：
Nose（香气）：
Palate（口感）：
Conclusion & Food Match（结论及建议搭配食物）：

 知识银行

一、葡萄的影响因素

一瓶上佳的葡萄酒需要上等的原料。葡萄中的糖、酸、单宁和色素是决定葡萄酒品质的先天因素，这些成分在葡萄中的累积则是由葡萄生长环境和条件所决定的，因此葡萄讲究"天时、地利、人和"。

1. 气候

世界上的葡萄种植区域（grape belt）主要位于南北纬30°～50°。原因在于这里的大气候带较为均衡，冷热适中，有足够的日照和适量的雨水，可以酿造出上好的葡萄酒。如果生长在热带地区，葡萄在高温催化下过快成熟，难以到达所需糖度。而在寒带地区，葡萄难以成熟，酿造的酒带有生青味。

葡萄种植区域还须具备一定的小气候（meso-climate）特征，如高山、湖泊、海洋、森林、天气。有时，微气候（micro-climate）因素也会影响葡萄的成长，如相邻葡萄园，或者一株葡萄树。

一般而言，较热地区种植的葡萄酒通常具有较高的酒精度、柔软的单宁和低酸度，如澳大利亚、智利等地区。而较冷地区种植的葡萄酒则具有较低的酒精度、生涩的单宁和较高的酸度，如法国的拉贝隆河谷地区。

2. 天气

葡萄除了受到气候带的影响，还受到每年的天气（weather）影响。天气对葡萄树的最主要的影响是霜冻、大风、冰雹、光照、降水量等因素。

由于天气的原因，葡萄的收成有好年景、坏年景之分，可直接影响葡萄本身的质量，进而影响葡萄酒的质量。在法国等欧洲国家，每年都要对各个葡萄产区的葡萄收成情况划分等级、进行公告，这就是酒的年份（vintage）。在酒标上标注酒的年份，一是证明此酒的酒龄，以便葡萄酒爱好者按照自己的口味和状况选择年轻或陈年的酒；二是说明葡萄收获的年份，可使消费者在开瓶前就能获得此酒的质量信息。例如，表2-2即为法国波尔多和勃艮第1985～2003年的年份表。

表 2-2　法国葡萄酒主要产区 1985～2003 年年份表

产区 年份	波尔多红酒	波尔多白酒	勃艮第红酒	勃艮第白酒
1985	****	****	****	****
1986	★	***	***	***
1987	**	***	**	**
1988	***	***	★	****
1989	****	***	****	★
1990	★	***	★	****
1991	**	***	***	****
1992	**	***	***	****
1993	***	***	***	****
1994	***	***	***	***
1995	****	***	****	***
1996	****	***	****	***
1997	***	****	***	****
1998	****	****	***	****
1999	***	***	***	**
2000	****	****	**	****

续表

年份 \ 产区	波尔多红酒	波尔多白酒	勃艮第红酒	勃艮第白酒
2001	****	***	****	***
2002	****	****	****	****
2003	★	****	★	****

* 表示差年份，** 表示中等年份，*** 表示好年份，**** 表示特优年份，★ 表示顶好大年。

3. 土壤

欧洲葡萄酒业有句古话：贫瘠的土壤生产优质的葡萄酒，肥沃的土壤生产便宜的葡萄酒。土壤包括地质、土层厚薄、排水性、通气性、土层结构、坡度、朝向等因素。

例如，波尔多的左岸是一片砾石层，土壤由深厚的贫瘠的砾石构成。这些砾石的排水性能优于沙地，还可以反射阳光，帮助葡萄获得更多的热量，最适宜晚熟的赤霞珠的生长。法国夏布利的白葡萄酒具有独特的矿物风味，就是因其来自特有的石灰质土壤，如图 2-10 所示。

图2-10　石灰质土壤

4. 天敌

葡萄与其他农作物一样，并非风调雨顺就能丰收。病虫或小鸟的侵害也会导致葡萄减产，甚至影响葡萄的品质。

二、葡萄酒的分类

葡萄酒因酿造、颜色、含糖量不同，种类各异。

1. 按照酿造方式划分

（1）静态葡萄酒

把葡萄汁进行一次酒精发酵，再将分解所产生的二氧化碳挥发，所产生的酒即为静态葡萄酒（still wine）。静态葡萄酒又称不起泡葡萄酒，通常说的葡萄酒即为此类葡萄酒。

（2）气泡葡萄酒

气泡葡萄酒（sparkling wine）是采用二次发酵工艺酿制的葡萄酒，其中第二次发酵是在瓶中进行的，使得酒中产生一定量的二氧化碳，从而导致葡萄酒具有气泡。高质量的气泡葡萄酒有法国生产的香槟（Champagne）、西班牙的卡瓦（Cava）、意大利的阿斯蒂（Asti）等。

（3）强化葡萄酒

强化葡萄酒（fortified wine）是一种在葡萄汁的发酵过程中加入白兰地或食用酒精，使发酵过程中止，或在发酵结束后再加入白兰地或食用酒精，提高其酒精强度，从而得到的一种酒。强化葡萄酒以西班牙的雪利酒（Sherry）和葡萄牙的波特酒（Port）最为驰名。

以上各类葡萄酒如图 2-11 所示。

（a）静态葡萄酒　　（b）气泡葡萄酒　　（c）强化葡萄酒

图2-11　按照酿造方式划分的葡萄酒种类

2. 按照颜色划分

（1）红葡萄酒

红葡萄酒（red wine）是以红葡萄为原料，经过破碎、去梗、发酵，再分离葡萄汁，最后陈酿、调配而成的葡萄酒。

（2）白葡萄酒

白葡萄酒（white wine）是以白葡萄或去皮的红葡萄为原料，经破碎、去梗后，分离葡萄汁，再发酵、熟成及后期处理而成的葡萄酒。

（3）桃红葡萄酒

桃红葡萄酒（rose wine）是以红葡萄为原料，经过破碎、去梗，保持红葡萄皮与葡萄汁接触短时间（一般为 12 ～ 72 小时），萃取足够色素后，分离葡萄汁，再发酵、熟成、后期处理而成的葡萄酒。

按照颜色划分的葡萄酒种类如图 2-12 所示。

（a）红葡萄酒　　（b）白葡萄酒　　（c）桃红葡萄酒

图2-12　按照颜色划分的葡萄酒种类

3. 按照含糖量高低划分

（1）干型

干型葡萄酒（dry wine）指含糖量小于或等于4.0g/L的葡萄酒。由于颜色不同，有干红葡萄酒、干白葡萄酒、干桃红葡萄酒3种。

（2）半干型

半干型（medium-dry）葡萄酒指含糖量为4.1 ~ 12.0g/L的葡萄酒。由于颜色不同，又分为半干红葡萄酒、半干白葡萄酒、半干桃红葡萄酒。

（3）半甜型

半甜型（medium-sweet）葡萄酒指含糖量为12.1 ~ 50.0g/L的葡萄酒。由于颜色不同，又分为半甜红葡萄酒、半甜白葡萄酒、半甜桃红葡萄酒。

（4）甜型

甜型（sweet）葡萄酒是指含糖量大于或等于50.1g/L的葡萄酒。由于颜色不同，又分为甜红葡萄酒、甜白葡萄酒、甜桃红葡萄酒。其中，冰酒和贵腐酒是最典型的甜白葡萄酒。

三、葡萄酒的品评

1. 观色

把持葡萄酒杯杯脚，平举于视线平视位置，对光观察葡萄酒的边沿颜色和主体颜色，观色最好在自然光线下进行。

红葡萄酒的边沿色随着酒龄变浅，年轻酒通常是紫色，1 ~ 2年后变为宝石红，随后变为石榴红，继续成熟后又变为砖红。一般而言，红葡萄酒的主体颜色愈有光泽、层次愈细腻，酒质就愈好。白葡萄酒的边沿为水白色，主体颜色随着酒龄变深，年轻酒为浅柠檬黄色，慢慢地变成黄色，继续成熟后又变成金黄色。不管是何种葡萄酒，优质酒的酒色都应该是清澈透明的。

2. 看形

将摇晃后的葡萄酒杯平移至视线平视位置，观察其"挂杯"状况。酒液会顺着杯壁缓缓地下滑，形成细柱或"泪痕"的现象。一般而言，挂杯持久说明葡萄酒的品质较好，下滑过快说明葡萄酒寡淡、不浓厚。

3. 嗅香

先摇晃葡萄酒杯，通过轻微振动将葡萄酒的气息激发出来；再将葡萄酒杯倾斜45°，靠近鼻子，使鼻尖最大限度地探入杯口；最后轻吸一口，判断葡萄酒的香气类型。

一般而言，红葡萄酒的香气越浓郁，酒质越好。香气会随着时间而变化，年轻酒主要是葡萄品种的水果香气，陈酿后酒香复杂多样，有黑胡椒、烤面包、橡木桶等香气。白葡萄酒的香气主要来自葡萄品种的香气，如水果香、花卉香、植物香等。不管是何种葡萄酒，如有强烈的辛辣或者刺鼻的气息，都不是好的葡萄酒。

4. 品味

先轻啜浅尝，口中含小口葡萄酒；再用舌头轻微搅拌酒液，将其均匀送至口腔各角落，使味蕾全面感受酒液；最后缓慢吞咽，感受回味。一般而言，优质葡萄酒应该是口感平衡、回味悠长的。

红葡萄酒的口感平衡度愈高，酒质就愈好。红葡萄酒的口感包含甜度、酸度、单宁、酒精度，回味可高达 15 秒。白葡萄酒的口感包含甜度、酸度、酒精度，回味可高达 10 秒。

葡萄酒的品评过程如图 2-13 所示。

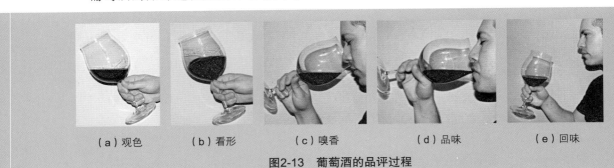

（a）观色　　　　（b）看形　　　　（c）嗅香　　　　（d）品味　　　　（e）回味

图2-13　葡萄酒的品评过程

四、葡萄酒的产区

葡萄种植区域位于南北纬 30°～50°，葡萄酒的主要生产国有法国、意大利、德国、西班牙、美国、澳大利亚、新西兰、智利、阿根廷、南非、中国等。葡萄酒市场习惯将葡萄酒产区划分为两大阵营："旧世界"和"新世界"。

"旧世界"是指欧洲传统酿酒国家，如法国、意大利、德国等欧洲国家。"旧世界"对葡萄的种植和葡萄酒的酿造都有严格的法律规定，葡萄酒着重于体现土壤的风味。

"新世界"是指除欧洲以外的新兴酿酒国家，如美国、澳大利亚、新西兰、南非、智利、中国等。"新世界"对葡萄酒的法律条例相对宽松，葡萄酒大多果香浓郁，口感柔顺。

本书将在模块二的任务二和任务三中列举部分世界著名的葡萄酒产区。

五、葡萄酒的保存

1. 温度与湿度

葡萄酒忌讳温度的强烈变化，要求保持相对稳定的温度和湿度。葡萄酒的最佳储存温度为 10～14℃，最佳湿度环境为 70%～80%。

目前，葡萄酒市场一般采用专业的储存室或恒温柜。葡萄酒恒温箱如图 2-14 所示。

2. 放置方式

瓶装葡萄酒要求水平放置，使软木塞保持湿度，避免干燥后空气进入酒瓶，酒液氧化变质。

3. 存放状态

葡萄酒要求保持静止状态，不能轻易挪动，避免酒液激烈振动而破坏风格和口味。葡萄酒储存空间应相对独立，环境无异味怪味，避免杂味侵染玷污酒液。

图2-14　葡萄酒恒温箱

六、酒吧英语

Taste Wine

Do you want to learn how to taste wine?

It's easy!

1）Look at the wine in your glass. What color is it? Is it bright or murky?

2）Swirl the wine. This liberates aromas and helps the wine develop with exposure to oxygen.

3）Now take a deep sniff of the wine. What does the aroma remind you of? Can you identify any different scents you know?

4）Sip the wine and move the wine around in your mouth for a few seconds before swallowing. Let it reach all of your palate. How does it taste? What types of flavors do you detect? How would you describe the texture of the wine on your palate?

5）Swallow the wine and pay attention to the finish, or aftertaste. Is it pleasant or awkward? Does it entice you to take another sip? Do the flavors linger on your palate or does it disappear quickly?

参考译文

品尝葡萄酒

想学品鉴葡萄酒吗？

这一点都不难！

1）观察杯中的葡萄酒。酒是什么颜色的？色泽是明亮还是暗淡？

2）轻摇酒杯，释放酒中的香气，让酒液接触氧气慢慢熟成。

3）深呼吸，闻一闻酒的气味。它的香气让你想起了什么？你能分辨出其中不同的香气类型吗？

4）小啜一口葡萄酒，让酒在口中来回打转，几秒后再吞下。这样可以让酒与你的味蕾充分接触。味道如何？你品尝到了哪几种味道？酒体结构如何？

5）缓缓吞下酒液，注意体会余味或回味。这味道是好是坏？会让你再想喝一口吗？余味是久久地停留在味蕾上，还是转瞬即逝了？

拓展训练

1. 自我训练品鉴红葡萄酒

要求：1）注意品鉴红葡萄酒的步骤与要求。

2）认真写品酒笔记。

2. 练习如何为客人品鉴葡萄酒

要求：1）各个品鉴动作正确、标准。

2）品鉴葡萄酒的专业用语规范。

任务二　红葡萄酒出品

点单

　　9 月 10 日晚上 9:00，Catherine 和 Mike 走进中国大酒店的龙虾酒吧。听了调酒师 Jack 前一天介绍葡萄酒的知识和品评技巧后，Catherine 和 Mike 对葡萄酒有了新的认识。他们叫 Jack 翻到龙虾酒吧酒单第六页"红葡萄酒"，如图 2-15 所示。

Lobster Bar Beverage list
龙虾酒吧扒房葡萄酒单

Red Wine（红葡萄酒）	Bottle/ 瓶
Chateau Lafite Rothschild, 1st Grand Cru Classe 1993（拉菲城堡头等苑 1 级 1993）	23 800
Chateau Lafite Rothschild, 1st Grand Cru Classe 2002（拉菲城堡头等苑 1 级 2002）	18 880
Chateau Margaux, 1st Grand Cru Classe 1998（玛歌古堡头等苑 1 级 1998）	12 880
Pavillon Rouge de Chateau Margaux 2nd Label 2001（玛歌红亭——玛歌庄园副牌 2001）	3 380
Pio Cesare Barbaresco DOCG（皮欧巴巴莱斯科）	1 380
Vega Sicillia Alion（贝加西西里阿里安）	1 380
Penfolds Bin 128 Coonawarra Shiraz（奔富酒庄 Bin 128 库纳瓦拉西拉子）	980
Ruffino Chianti Classico Riserva-Ducale DOCG，Tuscany（鲁芬诺基安蒂经典）	780
Mouton Cadet Reserve Medoc（木桐嘉棣珍藏）	680
Egri Bikaver（埃格尔公牛血）	680
Torres Nerola Syrah（桃乐丝娜若兰西拉）	500
Beringer California Zinfandel，Napa Valley（贝灵哲加州特选仙粉黛，纳帕谷）	360
Calina Reserva Carmenere，Maule Valley（卡利纳精选卡门，莫莱谷）	360
Norton Malbec，Mendoza（诺顿庄园马尔贝克，多门萨）	360
Kim Crawford，Marlborough Pinot Noir（金凯福庄园马丁伯勒黑皮诺）	360

All Prices are in RMB and inclusive of Tax and Service Charge.
所有价格为人民币结算并已包含服务费。

图2-15　龙虾酒吧酒单·红葡萄酒

他们决定先要一瓶埃格尔公牛血干红葡萄酒 Egri Blakaver 来品尝。

 器具与材料准备

醒酒器 1 个、红葡萄酒酒杯 2 个，如图 2-16 所示。葡萄酒酒刀 1 把、白色餐巾 2 条，如图 2-2 所示。此外，还要杯垫（图 1-2）2 个。红葡萄酒 1 瓶，如图 2-17 所示。

（a）醒酒器　　　（b）红葡萄酒酒杯

图2-16　红葡萄酒出品器具　　　　　图2-17　红葡萄酒

 酒水出品

一、服务程序

2-2　红葡萄酒出品

红葡萄酒的服务程序如下（图 2-18）。

1）备酒：取一瓶红葡萄酒，擦净瓶身，检查瓶口安全。

2）示酒：左手手掌托住瓶底，右手虎口轻托瓶颈，将酒的正标朝向客人。

3）开瓶：拨开酒刀，左手扶住瓶颈，右手持刀割开瓶封后，收刀、取瓶封，并将瓶封放在旁边的盘子上，擦净瓶口；右手拨开酒钻，对准木塞中心插入，并旋转至合适深度；

（a）备酒　　　　　　（b）示酒　　　　　　（c）开瓶（1）

图2-18　红葡萄酒的服务程序

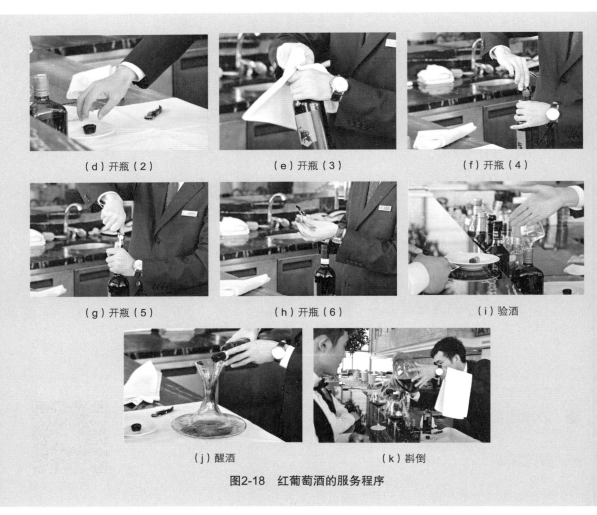

（d）开瓶（2）　　　　　（e）开瓶（3）　　　　　（f）开瓶（4）

（g）开瓶（5）　　　　　（h）开瓶（6）　　　　　（i）验酒

（j）醒酒　　　　　　　　　　（k）斟倒

图2-18　红葡萄酒的服务程序

左手将酒刀杠杆紧靠瓶口，右手自然提起酒钻，直至最高处；最后将酒刀扳直，轻轻取出木塞。

4）验酒：从酒钻中旋转出木塞，放在旁边的盘子上，并请客人检验酒质。

5）醒酒：用服务巾擦拭瓶口，再将红葡萄酒倒入醒酒器，进行醒酒，醒酒时间可依据醒酒器类型和用餐实际情况来确定。

6）斟倒：将酒斟倒入红葡萄酒杯，至杯中1/3处。

二、出品标准

1）选用正确的载杯——12oz红葡萄酒酒杯［图2-16（b）］。

2）斟倒标准的分量——1/3杯（如为9oz的红葡萄酒酒杯可以斟倒1/2杯，图2-19）。

图2-19　红葡萄酒分量

知识银行

一、红葡萄酒

红葡萄酒是指以红葡萄为原料，经过破碎、去梗、发酵后，分离出葡萄汁，再经陈酿和调配而成的葡萄酒。

二、红葡萄酒的特点

红葡萄酒的边沿色随着酒龄变浅，年轻酒通常是紫色，1～2年后变为宝石红色，随后变为石榴红色，继续成熟后又变为砖红色（图2-20）。红葡萄酒的香气也会随着时间而变化，年轻酒主要是葡萄品种的水果香气，陈酿后酒香复杂多样，有黑胡椒、烤面包、橡木桶等香气。红葡萄酒的口感包含甜度、酸度、单宁、酒精度，回味可高达15秒。一般而言，红葡萄酒的主体颜色愈有光泽、层次愈细腻，酒质就愈好；香气越浓郁，酒质越好；口感平衡度愈高，酒质也愈好。

图2-20　红葡萄酒的颜色

三、红葡萄的品种

葡萄酒的风味90%取决于葡萄品种。红葡萄酒有选用单一红葡萄品种酿造的，也有选用不同的红葡萄品种调配后酿造的。红葡萄品种较多，在此介绍最常见的几个品种。

1. 赤霞珠

赤霞珠（Cabernet Sauvignon）原产于法国波尔多，目前广泛种植于世界葡萄酒生产国，被称为"红葡萄品种之王"。赤霞珠果实较小、皮较厚，酿造的酒颜色深，有黑醋栗、青椒和雪松的香味，单宁厚重，口感饱满，适合陈酿。赤霞珠的知名产区有法国的波尔多左岸、美国的纳帕谷、澳大利亚的库拉瓦拉等。赤霞珠如图2-21所示。

图2-21　赤霞珠

2. 美乐

美乐（Merlot）原产于法国波尔多，是赤霞珠的最佳搭配之一。美乐颗粒较大、皮较薄，酿造的酒颜色较浅，有黑莓和李子的香气，单宁柔顺，容易入口，适宜年轻时饮用。美乐的知名产区有法国的波尔多右岸圣爱美容、波美侯等。美乐如图2-22所示。

3. 西拉

西拉又称西拉子（Syrah/Shiraz）原产于法国北隆河，是澳大利亚最出名的品种。西拉果实较大、皮深黑，酿造的酒颜色深，有黑胡椒和香料的香气，单宁高，适合陈酿。西拉的知名产区有法国的隆河谷、澳大利亚的巴罗萨谷等。西拉如图2-23所示。

4. 黑皮诺

黑皮诺（Pinot Noir）原产于法国勃艮第。黑皮诺果实小、皮较薄，酿造的酒颜色较浅，香气复杂，年轻时香味接近黑樱桃、新鲜草莓的味道，成熟时香味似蘑菇、皮革的味道，单宁不重，适合陈酿。黑皮诺的知名产区有法国的勃艮第、美国的加州索诺玛、澳大利亚的亚拉谷、新西兰的马丁伯勒等。黑皮诺如图2-24所示。

图2-22　美乐　　　　　　　图2-23　西拉　　　　　　　图2-24　黑皮诺

5. 佳美

佳美（gamay）是法国勃艮第南部博若莱的主要葡萄品种，果实较大、皮薄多汁，酿造的酒颜色浅，草莓、覆盆子、果糖的香气突出，单宁低，口感柔和，适合年轻时饮用。一年一度的博若莱新酒节（Beaujolais Noveau为每年11月的第三个星期四），正是佳美葡萄的璀璨时光。佳美如图2-25所示。

6. 歌海娜

歌海娜（grenache/garnacha）是法国南隆河的主要葡萄品种，果实结实、皮薄色浅，酿造的酒颜色浅，有草莓、覆盆子、香草的香气，陈酿后出现太妃糖的香气，口感酒体重，单宁较低。歌海娜的知名产区有法国南隆河、西班牙里奥哈和纳瓦拉等。歌海娜如图2-26所示。

7. 内比奥罗

内比奥罗（nebbiolo）是意大利最出色的葡萄品种。酿造的酒颜色深，有柏油、玫瑰和松露的复杂香味，单宁和酸度高，酒体坚实。内比奥罗的知名产区为意大利的巴罗洛和巴巴莱斯科。内比奥罗如图2-27所示。

四、法国葡萄酒等级标准

葡萄酒等级标准因生产国不同，略有不同。目前，形成系统等级标准并为世界公认的

图2-25 佳美　　　　　　　　图2-26 歌海娜　　　　　　　图2-27 内比奥罗

国家有法国、意大利、德国。法国的葡萄酒等级标准分为 4 个等级，具体如下。

1. 法定产区酒

法定产区酒（Appellationd'Origine Controlee，AOC）是法国葡萄酒的最高等级，成立于 1936 年，现已有 400 多个 AOC 产区，约占总产量的一半。AOC 中的 origine 即为原产地，在酒标中用具体的产区名所标注，如 Appellation Margaux Controlee 就是表示 Margaux 地区产的 AOC 酒。一般情况下，标注的产区越小，葡萄酒的质量越高。

2. 优良地区酒

优良地区酒（Vin Delimite de Qualite Superieure，VDQS）是法国葡萄酒的第二等级，成立于 1949 年，占总产量的 1%。VDQS 可以升级为 AOC，因此 VDQS 常被视为未成名产区向 AOC 的过渡等级。

3. 地区餐酒

地区餐酒（Vin de Pays，VDP）是法国葡萄酒的第三等级，成立于 1979 年，现约有 150 个地区，占总产量的 20%。VDP 酒允许将葡萄品种标注在酒标上。

4. 普通餐酒

普通餐酒（Vin de Table，VdT）是法国葡萄酒的最低等级，占总产量的 30%。VdT 的酒标上不允许标注葡萄品种和酒庄产地。

五、红葡萄酒著名产区

在葡萄酒的新旧世界中，葡萄酒的产区众多，而且同一产区可能生产多种类型的葡萄酒，常常既生产红葡萄酒，又生产白葡萄酒或桃红葡萄酒。在此仅列举部分生产红葡萄酒的著名产区或酒庄。

梅多克（Medoc）：位于法国波尔多左岸，有拉菲酒庄（Chateau Lafite-Rothschild）、木桐酒庄（Chateau Mouton-Rothschild）、拉图酒庄（Chateau Latour）、玛歌酒庄（Chateau Margaux）。

格拉夫（Graves）：位于法国波尔多左岸，有奥比良酒庄（Chateau Haut-Brion）。

圣爱米利永（Saint-Emilion）：位于法国波尔多右岸，有白马酒庄（Chateau Cheval Blanc）、欧颂酒庄（Chateau Haut-Brion）、金钟庄园（Chateau Angelus）和 柏菲庄园

（Chateau Pavie）。

波美侯（Pomerol）：位于法国波尔多右岸，有柏翠酒庄（Chateau Petrus）、老色丹酒庄（Vieux Chateau Certan）。

法国波尔多葡萄酒产区如图2-28所示。

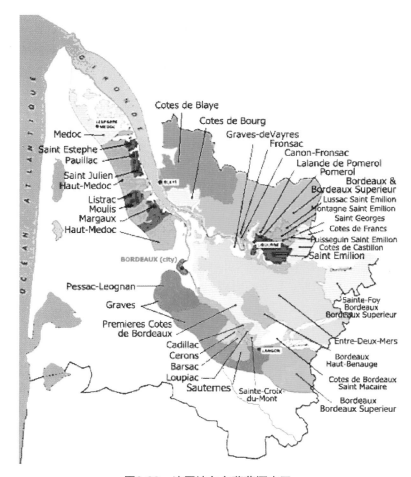

图2-28　法国波尔多葡萄酒产区

冯 – 罗曼尼（Vosne-Romanée）位于法国勃艮第的夜丘（Cote de Nuit），有罗曼尼 – 康帝葡萄园（Romanée-Conti）。

哲维瑞 – 香贝丹（Gevrey-Chambertin）：位于法国勃艮第的夜丘，有香贝丹酒庄（Chambertin）、香贝丹 – 贝日酒庄（Chambertin Clos de Beze）。

莫瑞 – 圣丹尼（Morey-Saint-Denis）：位于法国勃艮第的夜丘，有拉罗什葡萄园（Clos de la Roche）。

香波 – 蜜思妮（Chambolle-Musigny）：位于法国勃艮第的夜丘，有爱慕葡萄园（Amourouese）。

武乔（Vougeot）：位于法国勃艮第的夜丘，有武乔葡萄园（Clos de Vougeot）。

玻玛（Pommard）：位于法国勃艮第的伯恩丘（Cote de Beaune），有埃伯诺葡萄园（Les Epenots）。

博若莱特级村庄（Beaujolais Crus）：位于法国勃艮第的博若莱，有 10 个著名村级 AOC 产区，分别是布鲁依（Brouilly）、布鲁依丘（Cote de Brouilly Brouilly）、谢纳（Chenas）、希露博（Chiroubles）、福乐里（Fleurie）、朱丽娜（Julienas）、风磨坊（Moulin a Vent）、墨贡（Morgon）、雷妮（Regnie）、圣-阿穆尔（Saint-Amour）。

贺米塔希（Hermitage）：位于法国隆河谷。

罗帝丘（Cote Rotie）：位于法国隆河谷，有 La Landonne。

教皇新堡（Chateaueuf-du-Pape）：位于法国隆河谷。

巴罗洛（Barolo）：位于意大利皮埃蒙特（Piemonte）。

巴巴莱斯科（Barbaresco）：位于意大利皮埃蒙特。

基安蒂（Chianti）：位于意大利托斯卡纳（Tuscany）。

里奥哈（La Rioja）：位于西班牙。

斗罗河（Ribera del Duero）：位于西班牙，有贝加西西里亚（Vega Sicilia）。

巴罗萨谷（Barossa Valley）：位于澳大利亚。

库拉瓦拉（Coonawarra）：位于澳大利亚。

纳帕谷（Napa Valley）：位于美国加利福尼亚州，有拉瑟福（Rutherford）、橡树镇（Oakville）、鹿跃（Stags Leap）。

六、常见葡萄酒术语

1. 副牌酒

副牌酒（second wine/second label）是指某些著名的葡萄酒酿造商，在他们传统的著名葡萄酒商标之外生产的其他品牌的葡萄酒。副牌酒的出现，最初是因为葡萄的问题。当年天气不佳，年成不好时，葡萄的品质无法保证。酿造商不可能将大量的葡萄倒掉，为了维护品牌信誉，他们将品质不佳的葡萄酿制出来的酒冠以另外的商标出售，这就是副牌酒的来源。目前，许多著名的酿造商都有自己的副牌酒，其中以法国波尔多地区的酒庄为最。

副牌酒从葡萄酒品质上看，与正牌酒有较大的区别，但由于与正牌酒有相同的酿造技术，在工艺上依旧是高端的。因此，许多著名酒庄的副牌酒虽然比它的正牌酒品质低得多，但比一般普通的葡萄酒品质还要高得多。

2. 常见品酒术语

（1）颜色

白葡萄酒的常见颜色：绿黄色 / 麦秆色、金黄色、琥珀色、棕色。

红葡萄酒的常见颜色：紫红色、红宝石色、石榴红色、砖红色。

（2）香气

波尔多的赤霞珠红葡萄酒香气类型：黑醋栗、香料、皮革、西梅等。

波尔多的白葡萄酒香气类型：柠檬、西柚、热带水果、洋槐花等。

（3）口味

甜感：干、柔和、丰满、浓腻。

酸度：柔软、清新、活泼、紧张、酸。

酒体：松弛、饱满、肥硕、重酒体、有结构的、强有力的。

柔顺度：细致、优雅、丝绸般的、结实的、涩的、干涩。

七、酒吧英语

How to Serve Wine

Wine service has many time-honored traditions and standard practices. We will cover several aspects to serving wine, from how to open a wine bottle to choosing wine glasses which will present your wine at its best. We will also give some tips on decanting wine and wine temperature.

参考译文

如 何 侍 酒

侍酒有很多历史悠久的传统和标准化的操作。我们将介绍其中的几项内容：从开瓶到挑选酒杯，这些对最好地呈现一款葡萄酒是至关重要的。我们还要介绍醒酒和把握酒温的一些小窍门。

拓展训练

1）编写一份 Egri Bikaver（匈牙利埃格尔公牛血）的推荐说明。这份推荐说明要描述该酒的生产酿造、特点、等级、饮用与服务、价格等商业特征。

2）根据酒吧的酒单或客人的具体要求，完成一份红葡萄酒的出品服务，要求出品能符合酒吧红酒出品的程序和标准。

任务三　　白葡萄酒出品

点单

9月11日晚上9:00，Catherine 和 Mike 又进入中国大酒店的龙虾酒吧。调酒师 Jack 微笑着招呼他们，双手递送上龙虾酒吧酒单，客人直接翻开龙虾酒吧酒单第4页"白葡萄酒"，如图 2-29 所示。

Lobster Bar Beverage list

龙虾酒吧扒房葡萄酒单

White Wine（白葡萄酒）	Bottle/ 瓶
Joseph Drouhin Chablis Domaine de Vaudon （约瑟夫杜鲁安瓦当酒庄）	880
Henri Bourgeois Sancerre Blanc 'Les Baronnes'，Loire Valley （亨利博卢瓦庄园桑榭尔男爵）	680
Trimbach Gewurztraminer，Alsace（婷芭克世家琼瑶浆）	680
Torres Fransola（桃乐丝菲兰索）	680
Penfolds Thomas Hyland Chardonnay（奔富酒庄托马斯海蓝霞多丽）	580
Te Mata Woodthorpe Sauvignon Blanc（德迈木村长相思）	580
Kendall-Jackson Vintner's Reserve Chardonnay，Sonoma County （肯德杰克逊酒庄精选霞多丽）	580
Masi Levarie Soave Classico DOC，Veneto（马西庄园索阿维）	480

All Prices are in RMB and inclusive of Tax and Service Charge.

所有价格为人民币结算并已包含服务费。

图2-29 龙虾酒吧酒单·白葡萄酒

Jack 看见客人对白葡萄酒感兴趣，于是他详细地为 Catherine 和 Mike 介绍白葡萄酒的种类、特点、等级等。Catherine 和 Mike 愉快地接受了 Jack 的建议，点了一瓶 Joseph Drouhin Chablis Domaine de Vaudon 2001。

 器具与材料准备

葡萄酒开瓶器［图2-2（c）］1 把，白葡萄酒酒杯［图2-30（a）］2 个，冰桶［图2-30（b）］1 个，杯垫［图1-2（b）］2 个，白色餐巾［图2-2（d）］2 条。Joseph Drouhin Chablis Domaine de Vaudon 2001 1 瓶，冰块若干，如图2-31 所示。

 酒水出品

一、服务程序

白葡萄酒的服务程序如下（图2-32）。

1）备酒：取一瓶白葡萄酒，擦净瓶身，检查瓶口安全。

2-3 白葡萄酒出品

（a）白葡萄酒酒杯　　　　　　（b）冰桶

图2-30　白葡萄酒出品器具

图2-31　白葡萄酒

2）冰镇：在冰桶中放入 1/3 桶的新鲜冰块，加水至半桶，把白葡萄酒斜放入冰桶中，酒标的正标朝上，并在冰桶上横放一条餐巾折叠成的服务巾。

3）示酒：右手握住瓶颈取出白葡萄酒，左手拿起服务巾托住瓶底，酒的正标朝向客人，待客人确认后，放回冰桶。

4）开瓶：拨开酒刀，左手扶住瓶颈，右手持刀割开瓶封后，收刀、取瓶封，并将瓶封放在旁边的盘子里，擦净瓶口；右手拨开酒钻，对准木塞中心插入，并旋转至合适深度；左手将酒刀杠杆紧靠瓶口，右手自然提起酒钻，直至最高处；最后将酒刀扳直，用右手轻轻取出木塞。

5）验酒：从酒钻中旋转出木塞，放在旁边的盘子，并请客人检验酒质。

6）斟倒：擦拭瓶口、擦干瓶身，再用一条服务巾折成领结状，套在瓶肩上，握住酒瓶，将酒斟倒入白葡萄酒杯，至杯中 2/3 处；根据客人要求，可将白葡萄酒放回冰桶或直接放置在餐桌上。

（a）备酒　　　　　　　　（b）冰镇（1）　　　　　　　　（c）冰镇（2）

图2-32　白葡萄酒的服务程序

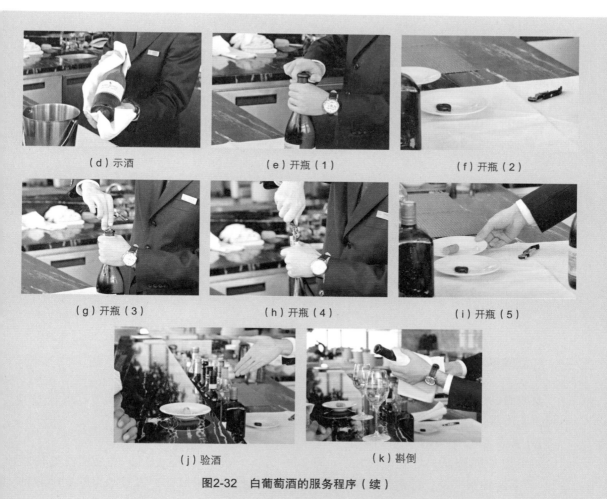

图2-32　白葡萄酒的服务程序（续）

二、出品标准

选用正确的载杯——8oz 白葡萄酒酒杯 [图 2-30（a）]。
斟倒标准的分量——2/3 杯白葡萄酒（图 2-33）。

 知识银行

一、白葡萄酒

白葡萄酒以白葡萄或去皮红葡萄为原料，经破碎、去梗后，
分离出葡萄汁，再经发酵、熟成及后期处理而成。

图2-33　白葡萄酒出品分量

二、白葡萄酒的特点

白葡萄酒的边沿为水白色，主体颜色随着酒龄变深，年轻酒为浅柠檬黄色，慢慢地变成黄色，继续成熟后又变成金黄色（图2-34）。白葡萄酒的香气主要来自葡萄品种的香气，如水果香、花卉香、植物香等。白葡萄酒的口感包含甜度、酸度、酒精度，回味时间可高达 8～10 秒。优质白葡萄酒的酒色应该清澈透明，没有强烈的辛辣或者刺鼻的气息，口感平衡、回味悠长。

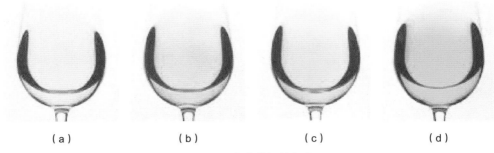

（a）　　　　　　　（b）　　　　　　　（c）　　　　　　　（d）

图2-34　白葡萄酒的颜色

三、白葡萄的品种

葡萄酒的风味最主要取决于葡萄品种。白葡萄酒主要选用白葡萄品种酿造，也有选用不同的红葡萄品种酿造的。在此介绍最常见的几个白葡萄品种。

1. 霞多丽

如果说赤霞珠是"红葡萄之王"，霞多丽（Chardonnay，图 2-35）就是"白葡萄之后"。霞多丽种植广泛，酿造的酒风格多样，具有浓烈的水果风味，而且水果味会随栽种地的气候差异而发生变化。例如，勃艮第夏布利地区产的霞多丽酒具有青苹果、青柠檬香气，而澳大利亚炎热地区的霞多丽酒则带有热带水果菠萝、香蕉、无花果的香气。

霞多丽的知名产区有法国勃艮第和香槟区、美国的加利福尼亚州、澳大利亚等。

2. 雷司令

雷司令（Riesling，图 2-36）原产于莱茵河流域，现全世界都在广泛种植。雷司令具有出色的酸甜平衡，还可以酿造顶级甜酒，具有甜美的蜂蜜、水蜜桃、杏子的香气。年轻的

图2-35　霞多丽　　　　　　　图2-36　雷司令

雷司令酒香气精细，带有柠檬、柚子和小白花香气，老熟的雷司令则带有特殊的汽油味道。

雷司令的知名产区有德国的摩泽尔和莱茵高、法国的阿尔萨斯、澳大利亚、南非等。

3. 长相思

长相思（Sauvignon Blanc，图 2-37）原产于法国罗亚尔河谷。长相思具有清新活力的酸度和清爽的植物性香气，带有青草、芦笋、黑醋栗芽孢香气。新西兰的长相思则有一个典型特点：具有猫尿味。

长相思的知名产区有法国的卢瓦尔、新西兰的马尔伯勒等。

4. 白诗南

白诗南（Chenin Blanc，图 2-38）是法国卢瓦尔河谷的典型白葡萄酒品种，能酿造出各种类型的白葡萄酒。白诗南酒以优雅著称，带有苹果、梨和小白花的香气；甜酒则口感甜蜜温润，释放出蜂蜜、洋槐花的香气。

白诗南的知名产区有法国的卢瓦尔、澳大利亚、新西兰等。

5. 琼瑶浆

琼瑶浆（Gewuztraminer，图 2-39）主要种植在法国的阿尔萨斯。琼瑶浆酿成的酒液成金黄色，带有浓郁的荔枝、玫瑰、丁香花蕾及香料味，口感厚重滑腻，酸度较低。

琼瑶浆的知名产区为法国阿尔萨斯、德国等。

图2-37　长相思　　　　图2-38　白诗南　　　　　　图2-39　琼瑶浆

四、意大利葡萄酒等级标准

葡萄酒等级标准因生产国不同，略有不同。目前，很多国家已形成系统等级标准并为世界公认，包括法国、意大利和德国。

1. 意大利葡萄酒等级标准

意大利的葡萄酒等级标准分为 4 个等级，分别如下。

1）优质法定产区酒（Denominazione di Origine Controllata e Garantita，DOCG）。DOCG 是意大利葡萄酒的最高等级，是 1980 年引进的控制保证级，仅授予最好的 DOC 产区。目前，意大利有 35 个 DOCG 酒产区。

2）法定产区酒（Denominazione di Origine Controllata，DOC）。DOC 是意大利葡萄酒

的第二等级，与法国的 AOC 相类似。目前，意大利有 300 多个 DOC 酒产区，它与 DOCG 约占意大利葡萄酒总产量的 20%。

3）地区餐酒（Indicazione Geografica Tipica，IGT）。IGT 是意大利葡萄酒的第三等级，是 1992 年推出的级别，与法国的 VDP 相类似。目前，意大利有 200 多个 IGT 酒产区。

4）普通餐酒（Vino da Tavola，VDT）。VDT 是意大利葡萄酒的普通等级，也是产量最高、最大众化的等级。VDT 酒可以不标注产地、年份等信息，只需要标注酒精含量和酒厂即可。

2．德国葡萄酒等级标准

德国的葡萄酒最突出的特点是以葡萄采收时的自然含糖度作为评定葡萄酒等级的依据，依此构建了德国葡萄酒质量等级体系。德国《酒法》将葡萄酒分为两大质量级别：高质酒和餐桌酒。

1）高质酒由一般成熟度的葡萄、非常成熟的葡萄或者过于成熟的葡萄酿制而成。在德国高质酒由两个级别的葡萄酒组成：高级优质葡萄酒（Qualitatswein mit Prädikat，QmP）和优质葡萄酒（Qualitätswein bestimmter Anbaugebiete，QbA）。

2）餐桌酒由一般成熟度的葡萄酿制而成，年产量只有几十万百升，很少出口到德国以外的市场。餐桌酒在德国由两个级别的葡萄酒组成：乡村餐酒（Landwein）和日常餐酒（Tafelwein）。

五、白葡萄酒的著名产区

格拉夫（Graves）：位于波尔多左岸，有拉维尔奥比良酒庄（Chateau Laville Haut-Brion）。

苏玳（Sauternes）：位于波尔多西部加隆河左岸，出产顶级贵腐甜白葡萄酒，有伊甘酒庄（Chateau d'Yquem）。

普里尼－蒙哈榭（Puligny-Montrachet）& 夏山－蒙哈榭（Chassagne-Maontrachet）：位于勃艮第的伯恩丘（Cote de Beaune），有蒙哈榭葡萄园（Montrachet）。

默尔索（Meursault）：位于勃艮第的伯恩丘，有上夏姆葡萄园（Les Charmes-dessus）、热内维耶（Les Grenevieres）、佩利叶（Les Perrieres）。

普依－富赛（Pouilly-Fuisse）：位于勃艮第的马贡内（Maconnais）。

夏布利特级葡萄园（Chablis Grand Cru）：位于勃艮第的夏布利（Chablis），有 6 块特等葡萄园，分别是克罗（Les Clos）、瓦勒穆（Valmur）、布隆修（Blanchot）、普尔日（Preuses）、格内尔（Grenouilles）、布尔果（Bougros）。

安茹（Anjou）：位于法国卢瓦尔河谷（Loire Valley），有莱昂丘（Coteaux du Layon）葡萄酒产区。

摩泽尔－萨尔－鲁尔（Mosel-Saar-Ruwer）：位于德国。

图2-40　法国勃艮第葡萄酒产区

法国勃艮第葡萄酒产区如图 2-40 所示。

六、常见葡萄酒术语

1. 贵腐酒

贵腐酒（Botrytized Wine/Noble Rot Wine）是采用感染了贵腐霉菌的葡萄（即贵腐葡萄，如图 2-41 所示）为原料酿制而成的甜型白葡萄酒，主要产于法国和德国。贵腐酒色泽美丽，呈现通透的金黄色，酒香馥郁，充满了水果、蜂蜜、杏仁的甜香，口感醇厚，层次复杂。

法国苏玳的甜型白葡萄酒是顶级贵腐酒，如图 2-42 所示。

图2-41　贵腐葡萄　　　　　图2-42　苏玳甜型白葡萄酒

2. 冰酒

冰酒（Eiswein /Ice Wine）是指采摘已经冰冻的葡萄（图 2-43），再酿造而成的甜型白葡萄酒。1794 年，德国弗兰克尼（Franconia）地区遭受了一场罕见的提前来临的大雪，没来得及采摘的葡萄都被冻僵在葡萄藤上。当人们将解冻后的葡萄酿造成葡萄酒时，意外地发现酿造的酒甘美芬芳。这是因为葡萄在冰冻和解冻过程中，果肉中的糖分和风味都得到了充分的浓缩。于是，冰酒就这样在惊喜中诞生了。目前，世界上出产高品质冰酒的国家有德国、奥地利、加拿大。

冰酒没有贵腐酒那般浓稠蜜甜，但冰酒自然、甜润、醇美，口感清澈，有强烈的葡萄果香，如德国 Riesling 冰酒（图 2-44）就带有其特有的丰富的花果和矿物香气。

图2-43　结了冰的葡萄　　　　图2-44　德国的冰酒

调酒知识与酒水出品实训教程

七、酒吧英语

White Wine Serving Temperature

Serving white wines at a lower temperature brings out their natural fruity, fresh, and sweet characteristics.

You will want to serve your white wines at 45～55 °F, depending upon the wine and your personal preference. A Reisling will be better a bit colder than a Pinot Gris or a Chardonnay.

If your white wine has been kept at room temperature, place it in the refrigerator or ice bucket for 30 ～ 60 minutes before serving. Be sure to include water with the ice—it will chill more quickly.

参考译文

白葡萄酒的侍酒温度

白葡萄酒在相对较低的温度下侍酒时,能够带出它天然的水果味和清新芬芳的特点。

白葡萄酒的侍酒温度通常为 7 ～ 12℃,具体取决于酒及个人喜好的不同。例如,雷司令的侍酒温度就要比灰皮诺或霞多丽低一些。

常温保存的葡萄酒,侍酒前可以把它放入冰箱或冰桶 30 ～ 60 分钟。冰桶里一定要有些水,这样冷却得更快些。

拓展训练

1)编写一份 Joseph Drouhin Chablis Domaine de Vaudon 的推荐说明。这份推荐说明要描述 Joseph Drouhin Chablis Domaine de Vaudon 的生产酿造、特点、等级、饮用与服务、价格等商业特征。

2)根据酒吧的酒单或客人的具体要求,完成一份白葡萄酒的出品服务,要求出品能符合酒吧白葡萄酒出品的程序和标准。

任务四　气泡葡萄酒出品

点单

9 月 12 日是 Catherine 的生日,Mike 提前请调酒师 Jack 设计一个浪漫的,令人惊喜的接待。晚上 8:00,Mike 和 Catherine 进入中国大酒店的龙虾酒吧后,Jack 打开龙虾酒吧酒单第 3 页"气泡葡萄酒",如图 2-45 所示。

Lobster Bar Beverage list
龙虾酒吧酒单

Sparkling Wine（气泡葡萄酒）	Bottle/瓶
Perrier Jouet Belle Epoque Brut——France （巴黎之花美丽时光香槟——法国）	3880
Mumm Cordon Rouge N.V.——France （玛姆香槟——法国）	1080
Moet Chandon Brut Imperial——France （酩悦香槟——法国）	1080
Perrier Jouet Brut Imperial——France （巴黎之花干型香槟——法国）	1080
Yellowglen Red——Australia （黄色峡谷红气泡酒——澳大利亚）	420
Jocob's Creek Chardonnay Pinot Noir——Australia （杰卡斯霞多丽黑皮诺气泡酒——澳大利亚）	420
Freixenet Cordon Negro Brut——Spain （菲斯奈特干型气泡酒——西班牙）	420

All Prices are in RMB and inclusive of Tax and Service Charge.
所有价格为人民币结算并已包含服务费。

图2-45 龙虾酒吧酒单·气泡葡萄酒

Jack 专门为 Mike 和 Catherine 推荐了一款香槟酒 Moet Chandon Brut Imperial，并精心摆放了一个 3 层的小型香槟塔，还请酒吧服务员 Emily 设计了一个烛光晚餐的台面。

 器具与材料准备

笛形香槟杯［图 2-46（a）］2 个，浅碟形香槟杯［图 2-46（b）］10 个，冰桶［图 2-30（b）］1 个，杯垫（图 1-2）2 个，餐巾［图 2-2（d）］2 条；香槟 1 瓶，如图 2-47 所示。

 酒水出品

一、服务程序

2-4 香槟出品

1）准备香槟：取一瓶香槟酒，擦净瓶身，检查酒瓶的外表，看是否有裂纹、深刻划痕

（a）笛形香槟杯

（b）浅碟形香槟杯

图2-46　器具准备

图2-47　香槟

等安全问题，以免开瓶时产生爆炸。

2）冰镇香槟：在香槟桶中放入 1/3 桶的新鲜冰块，加水至半桶，把香槟酒斜放入冰桶中，酒标的正标朝上，并在冰桶上横放一条餐巾折叠成的服务巾。

3）摆放杯塔：将 10 个浅碟形香槟杯摆成一个 3 层的香槟塔。

4）开启香槟：轻轻地取出香槟酒，用服务巾擦净瓶身，调整瓶口方向，使之朝向安全方向；左手扶住瓶颈，右手揭开瓶口的锡箔瓶封，拧开金属丝网后，用手掌或拇指按住瓶盖，以免瓶塞突然飞出；右手缓慢地转动瓶塞，直至瓶塞完全拨出。

5）斟倒香槟：待香槟瓶口的气体稳定后，先将香槟斟倒在香槟塔浅碟形香槟杯中，再将香槟酒斟倒入笛形香槟杯，至杯中 2/3 处。

6）示意：请慢用。

服务程序如图 2-48 所示。

（a）准备香槟（1）

（b）准备香槟（2）

（c）冰镇香槟（1）

图2-48　香槟酒的服务程序

（d）冰镇香槟（2）

（e）摆放杯塔（1）

（f）摆放杯塔（2）

（g）开启香槟（1）

（h）开启香槟（2）

（i）开启香槟（3）

（j）斟倒香槟（1）

（k）斟倒香槟（2）

（l）斟倒香槟（3）

（m）示意请慢用

图2-48　香槟酒的服务程序（续）

二、出品标准

选用正确的载杯——10oz浅碟形香槟杯或笛形香槟杯（图2-46）。

斟倒标准的分量——2/3杯（图2-49）。

（a）香槟出品分量（1）

（b）香槟出品分量（2）

图2-49　标准的分量

知识银行

一、气泡葡萄酒

图2-50　唐·佩里尼翁塑像

气泡葡萄酒是采用二次发酵工艺酿制的葡萄酒，其中第二次发酵是在瓶中进行的，使得酒中产生一定量的二氧化碳，从而导致葡萄酒产生气泡现象。

气泡葡萄酒起源于法国的香槟地区（Champagne region），据说是在17世纪由法国香槟地区的奥维利尔修道院的唐·佩里尼翁（Dom Perignon，如图2-50所示）无意中发明的。

气泡葡萄酒常见的酿造方法有4种：传统酿造法、转移法、大槽法、二氧化碳注入法。传统酿造法又称香槟法，是最基本、最重要的一种方法。这种方法先将葡萄汁经过第一次发酵，产生出葡萄酒，然后将葡萄酒、糖和酵母的混合物装入瓶中，再经过瓶中的第二次发酵，待酒液熟成后，装瓶、除渣、补液、密封，即可出售。

二、气泡葡萄酒的类型

根据含糖量的不同，气泡葡萄酒可以分成以下几种类型。

Brut Natural——每升含糖量低于3g。

Extra Brut——每升含糖量低于6g。

Brut——每升含糖量低于15g。

Extra Sec——每升含糖量为12～20g。

Sec——每升含糖量为17～35g。

Demi-Sec——每升含糖量为33～50g。

Doux——每升含糖量超过50g。

其中，Brut被称为干型香槟，是香槟中最常见的一款。

三、气泡葡萄酒的品种

1. 香槟

香槟（Champagne）特指在法国的香槟地区，采用黑皮诺（Pinot Noir）、霞多丽（Chardonnay）、皮诺莫尼耶（Pinot Meunier）等3种葡萄，经过传统酿造法生产而成的气泡葡萄酒。

2. 法国气泡酒

法国气泡酒（Crémant）是法国除了香槟地区以外的地方生产的气泡葡萄酒的总称，如图 2-51 所示。

3. 卡瓦

卡瓦（Cava）是指在西班牙用传统发酵法酿造的葡萄汽酒。生产卡瓦的葡萄园大多在加泰罗尼亚地区，如图 2-52 所示。

4. 意大利汽酒

意大利汽酒（Spumante）是意大利气泡葡萄酒的总称。其中，产量和影响力较大的有阿斯蒂（Asti）、普罗塞克（Prosecco）。意大利汽酒如图 2-53 所示。

图2-51　法国气泡酒　　图2-52　卡瓦　　图2-53　意大利汽酒

5. 德国汽酒

德国汽酒（Sekt）是德国气泡葡萄酒的总称，其中以雷司令葡萄为原料酿制的最佳，如图 2-54 所示。

6. 南非经典汽酒

南非经典汽酒（Cap Classique）是南非生产的气泡葡萄酒，如图 2-55 所示。

图2-54　德国汽酒　　　　图2-55　南非经典汽酒

四、香槟的著名品牌

1. 哥塞

哥塞香槟（Gosset Champagne）是香槟地区最早酿制香槟酒的酒庄之一，该酒水果风味达到了很好的平衡，温和细腻。

2. 伯兰爵

伯兰爵香槟（Bollinger Champagne）是由雅克·约瑟夫·伯兰爵（Jacques Joseph Bollinger）于1822年在香槟区创立的酒庄，该酒如乳脂般的爽滑细腻，酒体清澈、明亮，混合了单宁的酸和奶油的甜。

3. 伯瑞

伯瑞香槟（Pommery Champagne）创建于1836年，该酒风格轻柔、细致优雅，具有极高的品质。

4. 宝禄爵

宝禄爵香槟（Pol Roger Champagne）创建于1849年，该酒以其精细的用料和完美的工艺著称，风格独特完美。

5. 库克

库克香槟（Krug Champagne）素有"香槟之王"的称号。

以上几种香槟品牌如图2-56所示。

（a）哥塞　　（b）伯兰爵　　（c）伯瑞　　（d）宝禄　　（e）库克

图2-56　著名香槟品牌

五、酒吧英语

Some Knowledge about Sparkling Wine

Sparkling wine is a wine with significant levels of carbon dioxide in it making it fizzy. It is usually white or rose. The sweetness of it can range from very dry "brut" styles to sweeter "doux" varieties. The classic example of a sparkling wine is Champagne, but this wine is exclusively produced in the Champagne region of France and many sparkling wines are produced in other countries and regions.

参考译文

汽泡酒简介

汽泡酒是一种含有大量二氧化碳的酒,这些二氧化碳使得酒内泡沫腾涌,故称"汽泡酒"。汽泡酒通常是白色的或粉红色的,而甜度则可以从很酸的"干型"(brut)到更甜的"甜型"(doux)。汽泡酒的代表是香槟酒,但香槟酒仅指产自于法国香槟地区的汽泡酒。世界上其他国家和地区也生产汽泡酒。

拓展训练

1)练习摆放香槟塔。

2)编写一份 Moet Chandon Brut Imperial(酩悦香槟)的推荐说明。这份推荐说明要描述 Moet Chandon Brut Imperial 的生产酿造、特点、等级、饮用与服务、价格等商业特征。

任务五　　强化葡萄酒出品

点单

9月13日晚上9:00,Catherine 和 Mike 又走进中国大酒店的龙虾酒吧。调酒师 Jack 微笑着接待客人,询问他们后,Jack 将龙虾酒吧酒单打开,翻到第10页"强化葡萄酒",如图 2-57 所示。

看见 Catherine 和 Mike 点了一份水果蛋糕和一份奶酪,Jack 为他们推荐了一款夏薇甜雪利酒(Harvey's Bristol Cream)和一瓶20年陈的泰勒茶红波特(Taylor's Special Tawny)。

器具与材料准备

雪利酒酒杯(图 2-58)1个,波特酒酒杯1个,冰桶〔图 2-30(b)〕1个,葡萄酒酒刀〔图 2-2(c)〕1把,杯垫〔图 1-2(b)〕2个,餐巾〔图 2-2(d)〕1条。雪利酒1瓶,波特酒1瓶,如图 2-59 所示。

Lobster Bar Beverage list
龙虾酒吧酒单

SHERRY（雪利酒）	Glass/ 杯	Bottle/ 瓶
Harvey's Bristol Cream （夏薇甜雪利酒）	58	988
Sandeman Fino （三地文菲诺）	58	988
Sandeman Medium Dry （三地文半干）	58	988
PORT（波特酒）	Glass/ 杯	Bottle/ 瓶
Cockburn's LBV （科伯恩陈酿年份酒）	88	1688
Sandeman Ruby （三地文红宝石）	58	988
Taylor's Special Tawny （泰勒茶红波特酒）	58	988

All Prices are in RMB and inclusive of Tax and Service Charge.
所有价格为人民币结算并已包含服务费。

图2-57　龙虾酒吧酒单·强化葡萄酒

图2-58　雪利酒酒杯

（a）雪利酒　　（b）波特酒

图2-59　雪利酒和波特酒

酒水出品

一、服务程序一

出品夏薇甜雪利酒的服务程序如下（图2-60）。

1）备酒并示酒：取一瓶夏薇甜雪利酒，向客人展示。

2）冰镇：将酒放在冰桶冰镇，冰镇至13℃。

3）开瓶：用手拨开瓶口的塑料膜，即可开瓶。

4）斟倒：在雪利酒杯中斟倒入1oz的夏薇甜雪利酒。

5）上甜点：将一份水果蛋糕摆放在客人桌上。

（a）备酒并示酒

（c）开瓶

（b）冰镇

（d）斟倒

（e）上甜点

图2-60　夏薇甜雪利酒的服务程序

二、服务程序二

出品泰勒茶红波特的服务程序如下。

2-5　雪利酒出品

1）备酒：取一瓶泰勒茶红波特，擦净瓶身，检查瓶口是否安全。

2）示酒：左手手掌托住瓶底，右手虎口轻托瓶颈，酒的正标朝向客人。

3）开瓶：拨开开瓶器，左手扶住瓶颈，右手持刀割开瓶封后，收刀、取瓶封，并将瓶封放在旁边的盘子里，擦净瓶口；右手拨开酒钻，对准木塞中心插入，并旋转至合适深度；左手将开瓶器杠杆紧靠瓶口，右手自然提起酒钻，直至最高处；最后将开瓶器扳直，用右手轻轻取出木塞。

4）验酒：从酒钻中旋转出木塞，放在旁边的盘子上，并请客人检验酒质。

5）滗酒：用服务巾擦拭瓶口，将泰勒茶红波特倒入滗酒过滤器，进行滗酒。

开瓶和滗酒如图 2-61 所示。

6）斟倒：将酒斟倒入波特酒杯，至杯中 1/2 处。

7）上甜点：将一份奶酪摆放在客人桌上。

三、出品标准

选用正确的载杯——4oz 雪利酒酒杯、8oz 波特酒杯。

斟倒标准的分量——1oz 雪利酒、1/2 杯波特酒（图 2-62）。

（a）开瓶

（b）滗酒

图2-61　开瓶和滗酒

图2-62　雪利酒分量

 知识银行

一、强化葡萄酒

强化葡萄酒（Fortified Wine）是一种在葡萄汁的发酵过程中加入白兰地或食用酒精，使发酵过程中止，或在发酵结束后再加入白兰地或食用酒精，提高其酒精强度，从而得到的一种酒。

目前，市场上的强化葡萄酒主要是雪利酒、波特酒。这些酒的酒精度一般为15°～20°，种类多样，特点各异。强化葡萄酒的生产主要集中在地中海国家，如西班牙、葡萄牙等国。

二、雪利酒

1. 基本情况

雪利酒原产于西班牙的赫里斯（Jerez），一般采用帕洛米诺（Palomino）葡萄来酿制。雪利酒的前期发酵酿制与白葡萄酒没有差异，在葡萄发酵完成后，酿酒者加入酒精，并通过观察、品尝等经验和技术，决定酿制成菲诺（Fino）或欧洛罗索（Oloroso）。如果基酒清淡精巧，一般酿制成菲诺，并把酒精度提升到15.5°；如果基酒结构感更强，一般酿制成欧洛罗索，并把酒精度提升到17°以上。所以，雪利酒的颜色、香气、口味、甜度等特点，都因其类型不同而各异。在饮用服务中，干型雪利酒通常作为餐前酒饮用，甜型雪利酒作为餐后酒饮用。雪利酒的特点如图2-63所示。

图2-63　雪利酒的特点

2. 索乐拉系统

索乐拉（Solera）系统是雪利酒的熟成系统，它将不同年份的雪利酒相混合，再装瓶上市。

索乐拉系统（图2-64）将橡木桶呈金字塔摆放，底层橡木桶中的酒龄最老，上一层橡

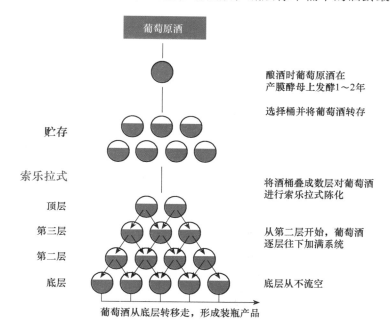

图2-64　索乐拉系统

木桶中的酒龄则新一些，最顶层的酒龄最小。用来装瓶销售的雪利酒都是来自底层的酒，当底层的雪利酒被抽掉一部分后，上一层的酒自动补充到下一层的橡木桶中。通过索乐拉系统的混合，雪利酒的质量和风格就保持了一致性。

3. 分类

雪利酒种类繁多，最基本的是菲诺类和欧洛罗索类两种，其他的雪利酒基本是在菲诺类和欧洛罗索类基础上细分。

（1）菲诺类

菲诺类雪利酒是指酿造时，酒液表面生长一层厚厚的白色的福洛（Flor）酵母的雪利酒。福洛酵母既能防止葡萄酒氧化，又能赋予雪利酒独特的水果香气，如苹果味、杏味等。菲诺类雪利酒有菲诺、曼萨妮亚（Manzanilla）、阿蒙提亚多（Amontillado）之分，3种酒的特点有细微差别。

菲诺：颜色为浅黄色，干型，中轻酒体，果味清香，有苹果、梨、新鲜杏仁的香味，酒精度一般为15%。一般情况下，饮用前需要冰镇，开瓶后应尽快饮用。

曼萨妮亚：颜色比菲诺浅，细致清淡，适合低温饮用，开瓶后应尽快饮用。

阿蒙提亚多：一种成熟的菲诺，酒颜色更深，呈现深金黄色，口感丰富浓厚，具有浓郁的坚果风味，酒精度可达18%，可在常温下饮用。

（2）欧洛罗索类

欧洛罗索类雪利酒是指酿造时，加入白兰地到发酵的酒液中，强化其酒精度至18°～20°的雪利酒。欧洛罗索类雪利酒比菲诺类雪利酒更稳定，呈褐色，重酒体，带有浓郁的水果干、香料和坚果味，适合低温饮用。

奶油（Cream）雪利酒：干型的欧洛罗索类雪利酒加入甜酒调配而成，口感浓郁、醇香、甜美，适合低温饮用。

4. 雪利酒的常见品牌

雪利酒的常见品牌有菲诺、夏薇（Harvey's）、三地文（Sandeman）、克罗夫特（Croft），如图2-65所示。

（a）菲诺　　　（b）夏薇　　　（c）三地文　　　（d）克罗夫特

图2-65　雪利酒常见的品牌

三、波特酒

1. 基本情况

波特酒产自葡萄牙北部的杜罗河（Douro）两岸，由不同葡萄品种混合酿制，在发酵过程中，通过加入食用酒精或白兰地，杀死酵母而使发酵停止，并保留一部分的糖分。波特酒酒精度通常被强化到 20° ～ 22°，主要是红色，口感甜，通常作为餐后酒饮用，尤其适合配餐奶酪、甜点、干果。

2. 分类

（1）宝石红波特

宝石红波特（Ruby Port）是采用相近几个年份的葡萄酒调配而成的波特酒，是波特酒中最年轻的酒，一般在木桶中熟成两三年。酒色呈宝石红，带有果香、花香，如桑葚、黑莓等。

（2）茶色波特

茶色波特（Tawny Port）也是采用相近几个年份的葡萄酒调配而成的波特酒，品质较高。酒色呈淡红棕色，有点像红茶色，因此得名茶色波特酒。该酒口感柔和甜美，带有核桃、咖啡、巧克力、焦糖等香气。

陈年茶色波特大多是混合不同年份调配而成的，带有年龄标志，如在酒标上标注 10 年陈（10 Year Old）、20 年陈（20 Year Old）、30 年陈（30 Year Old）、40 年陈（40 Year Old）。陈年时间越长，酒色越浅，酸涩口感越弱，酒质越醇。其中，采用同一年份调配的茶色波特，质量更加上乘，称为年份茶色波特。

（3）年份波特

年份波特（Vintage Port）是采用某一个极佳年份的葡萄酿造而成的波特酒，是品质最高的波特酒。年份波特酒一般需要向葡萄牙的波特酒行业的监管机构申报年份，生产时在惰性容器中陈酿 2 ～ 3 年，然后在瓶中继续熟成 15 年以上，才适合饮用。其特点为深宝石红，高单宁、高酸度，香气和口感复杂，带有细致的李子干、皮革、咖啡、动物和植物香气。

（4）晚装瓶年份波特

晚装瓶年份波特（Late-Botteld Vintage Port，LBV Port）是指采用单一年份葡萄酿造后，在橡木桶陈酿 4 ～ 6 年的波特酒。其特点是呈深宝石红，带有浓郁的红色和黑色水果香气，如樱桃、李子、黑莓等。一般情况下，这种酒上市后即可饮用，无须继续在瓶中熟成，价格大众化，属于商业化的年份波特酒。

图 2-66 是泰勒波特酒的分类。

3. 波特酒常见的品牌

波特酒的常见品牌有泰勒波特酒、三地文波特酒、科伯恩波特酒。

（a）宝石红泰勒　　（b）茶色泰勒　　（c）晚装瓶年份泰勒　　（d）年份泰勒

图2-66　泰勒波特酒的分类

四、酒吧英语

How to Serve Port

1）Let your port wine stand undisturbed for 24 hours before serving. This allows the sediment in the bottle to settle on the bottom.

2）Chill your port wine for 30 to 45 minutes before serving. It should be served at cool room temperature of 64 to 68 degrees Fahrenheit.

3）Find a decanter in which to store your port wine. Gently remove the cork from the port bottle to avoid disturbing the sediment on the bottom.

4）Place a candle behind the decanter before you start pouring so you can see through the neck of the port bottle while you're pouring.

5）Serve the wine right away. The decanter should be placed in front of the host. Port wine glasses should be used which are slightly smaller than regular wine glasses.

6）Fill the glass of the person on your right if you are the host. Then serve yourself and pass the bottle to the person on your left. Each person at the table should serve himself and pass the bottle to the left until it again reaches the host.

参考译文

波特酒的侍酒方法

1）波特酒侍酒前需静置24小时，使得瓶中的沉淀物沉淀到瓶底。

2）侍酒前需冷藏30～45分钟，并在17～20℃的室温中侍酒。

3）用一只醒酒器来存放波特酒。开瓶时要轻轻地去除瓶塞，以免摇动瓶底的沉淀物。

4）倒酒前在醒酒器后面放一根点燃的蜡烛，这样倒酒的时候你就可以透过醒酒器观察酒液中是否有沉淀物了。

5）现在可以侍酒了。醒酒器要放在客人面前，同时要使用比普通葡萄酒杯略小的波特酒杯。

6）如果你是餐桌上的主人，那么先为你右手边的客人倒酒，然后为你自己倒酒并把醒酒器递给你左手边的客人。餐桌上的每个人都应在为自己倒酒后把醒酒器递给自己左手边的客人，直到传回主人为止。

拓展训练

1）编写一份 Harvey's Bristol Cream（夏薇甜雪利酒）的推荐说明。这份推荐说明要描述 Harvey's Bristol Cream 的生产酿造、特点、等级、饮用与服务、价格等商业特征。

2）根据酒吧的酒单或客人的具体要求，完成一份 Taylor's Special Tawny（泰勒茶红波特酒）的出品服务，要求出品能符合酒吧波特酒出品的程序和标准。

任务六　　葡萄酒与菜品搭配

点单

9月14日，中国大酒店的龙虾酒吧将于晚上8:00举行一场葡萄酒品鉴会。酒吧经理 Andrea 早在三天前就已经邀请 Catherine 和 Mike。当 Catherine 和 Mike 进入龙虾酒吧时，调酒师 Jack 微笑着接待客人，并递送上特制的品酒会酒单，如图2-67所示。

Lobster Bar
SUMMERGATE

Santa Cristina Pinot Grigio Sicilia IGT
Marinated Antarctic Crab Meat Salad
Mango Vinai grette，Lump Caviar，Lime confit
帝王蟹肉沙拉配芒果泥、鱼子酱、糖渍青柠 + 西西里圣克里斯蒂娜园灰皮诺

Villa Antinori White IGT
Seared Diver Scallops，Coraille Butter
Parma Ham Chips，Baby Herbs，Rose Bolssom
黄油香煎带子配帕尔玛火腿片、菜心、玫瑰花 + 安东尼庄园白葡萄酒

图2-67　龙虾酒吧品酒会酒单

La Bracessca Vino Nobile Di Montepulciano DOCG

Torch Roasted Slices of Black Angus Beef Tenderloin

Foamed Porcini Mushroom Essence

炭烤安格斯牛里脊配牛肝菌泡沫 + 布兰卡葡萄园芒特普贵族葡萄酒

Marchese Antinori Chianti Classico Riserva DOCG

Marchese Antinori Chianti infused Fillet of Monkfish

Grilled Root Vegetables，Parsley Puree，Hazelnut

酒渍琵琶鱼排配扒根菜、西芫荽蓉、榛子 + 泰纳安东尼侯爵经典坎蒂存酿

Antinori Tignanello IGT

Braised Short Rib of Tajima Wagyu Beef

Antinon Tignanello Jus，Truffled Celeriac Puree，Grispy Potato

焖炖日本神户牛小排配松露西芹酱、脆土豆 + 安东尼世家天娜葡萄园红葡萄酒

Taleggio di Bergamo

Prune Compote，Frizee Lettuce

糖渍杏梅、炸生菜 + 贝加莫塔雷吉欧甜酒

Antinori Grappa，Coffee or Tea

Petit Fours

花式小蛋糕 + 安东尼格拉巴葡萄酒

图2-67　龙虾酒吧品酒会酒单（续）

　　Jack 详细地为 Catherine 和 Mike 介绍葡萄酒与菜品搭配的相关内容。他们边听边品鉴，度过了一个特别的酒会。Jack 也圆满地完成了酒会服务。

 器具与材料准备

　　红葡萄酒酒杯、白葡萄酒酒杯、咖啡杯、茶杯、冰桶、杯垫、餐台布置，如图 2-68 所示。根据酒单准备酒水、菜品。如图 2-69 所示。

 酒水出品

一、服务程序

　　1）分别在 Catherine 和 Mike 的餐位前摆放杯垫，并放置葡萄酒酒杯。

图2-68　品酒会器具准备

（a）西西里圣克里斯蒂娜园灰皮诺　　（b）布兰卡葡萄园芒特普贵族葡萄酒

（c）黄油香煎带子　　　　　（d）炭烤安格斯牛里脊　　　　　（e）酒渍琵琶鱼排

图2-69　品酒会原料准备

2）在葡萄酒酒杯中斟倒 Santa Cristina Pinot Grigio Sicilia IGT（西西里圣克里斯蒂娜园灰皮诺）。

3）端送菜肴 Marinated Antarctic Crab Meat Salad（帝王蟹肉沙拉）。

4）撤盘。

5）端送菜肴 Mango Vinaigrette（芒果泥），Lump Caviar（鱼子酱），Lime confit（糖渍青柠）。

6）撤盘、撤杯。

7）按照1）～6）的服务程序完成其他酒品和菜肴的服务。

二、出品标准

出品标准如图 2-70 所示。

图2-70　品酒会出品

 知识银行

一、侍酒师的点酒准备工作

1）了解客人的预算。在用餐中，费用问题是敏感的问题，推荐中得体语言的使用，可以避免客人产生尴尬。

2）了解客人的喜欢类型。客人对葡萄酒的偏好常常是考虑的重要因素，如客人喜欢什么葡萄酒或者哪种类型的酒。

3）了解客人的菜单。针对菜品选择酒品，是一个至关重要的原则，因此侍酒师需要了解客人菜单中的不同菜式，为其搭配不同的酒水。

二、酒品与菜品的搭配原则

美酒与美食的最佳搭配，是酒品的基本元素与菜品的基本元素平衡搭配，以免一方过于突出，影响另一方的原有风味。最佳搭配的目标是品美酒、尝美食，让味蕾去巅峰旅行。

1. 酒体与食品重量的平衡

酒品与菜品搭配的首要原则是酒体与食品重量的平衡。肥厚的食品，通常搭配酒体重的葡萄酒；清淡的食物，通常搭配酒体轻盈的葡萄酒。例如，野味、熏肉、红烧肉，一般选择厚重浓郁的红葡萄酒；白肉和鱼，一般选择白葡萄酒，或者酒体轻、单宁低的红酒。如图 2-71 所示。

（a）蛤蜊搭配白葡萄酒　　　（b）鸭肉搭配红葡萄酒

图2-71　酒体与食品重量搭配

2. 浓郁度与食品香气的平衡

酒品与菜品搭配的第二原则是葡萄酒浓郁度与食品香气的平衡。葡萄酒香气浓郁度一般与食品的香气浓郁度一致，避免高香酒与香味低食品搭配。例如，烧烤一般选择香气浓郁的葡萄酒，蒸食一般选择香气清淡的葡萄酒；奶油迷迭香酱的鸡肉搭配柑橘气味的霞多丽；香酥炸虾配酒体适中的白葡萄酒搭配长相思干白葡萄酒。如图 2-72 所示。

（a）烤羊排搭配黑皮诺　　　　　（b）香酥炸虾搭配长相思

图2-72　浓郁度与食品香气搭配

三、酒品与菜品的搭配技巧

酒品与菜品的基本元素的平衡搭配，还要考虑酒品与菜品的相互结合、相辅相成。

1. 高单宁酒品与高蛋白食品搭配

葡萄酒中的单宁能和食品中的蛋白质反应，从而使蛋白质软化单宁的粗涩，也使得食品显得更加鲜嫩。因此，高单宁的红葡萄酒，适合搭配烤肉、牛排等；相反，清淡低单宁的红葡萄酒，适合搭配白肉。

2. 高酸酒品与高油脂食品搭配

葡萄酒中的酸度能降低食品的油腻度。因此，高酸度的葡萄酒与高油脂的食品搭配是最好。例如，勃艮第的黑皮诺与北京烤鸭就是一款经典搭配。

3. 高酸酒品与酸味食品平衡

食品中的酸味会让葡萄酒尝起来酸度降低。例如，番茄、柠檬、香醋都有很高的酸度，它们适合与高酸度的葡萄酒搭配。

4. 甜酒与甜味食品的平衡

甜食品最好与甜度相同的甜酒搭配，因为品尝甜食的时候，干型葡萄酒喝起来会显得更酸。例如，晚收甜酒、贵腐甜酒都是搭配甜点、甜食的理想选择。

5. 甜酒与咸味食品搭配

根据味蕾规律，咸味食品会增强甜味，而甜度可以降低咸味。因此，咸味的食品适合搭配甜味的葡萄酒。例如，羊乳干酪与苏玳的甜酒就是绝佳搭配。

6. 微甜酒品与辣味食品搭配

根据味蕾规律，甜度能够降低辣味。因此，辛辣的食品适合搭配微甜的葡萄酒。

7. 低酒精度与辛辣食品的搭配

辛辣食品能突显酒精带来的感觉，更容易给喉咙带来燃烧的感觉。因此，辛辣的食品不适宜搭配高酒精度的葡萄酒。

8. 酒品与菜品的复杂性相反搭配

一款复杂的、成熟的葡萄酒最好搭配一道简单菜，这样不会导致葡萄酒和菜肴相互"竞技"，如简单的烤牛肉搭配窖藏、高品质的红酒；一款简单的、年轻的葡萄酒可以搭配特别复杂的菜肴，如辛辣的亚洲料理搭配简单的甜酒或桃红酒。

9. 产地搭配

侍酒师可以根据产地来搭配酒品与菜品，即用当地的酒搭配当地的菜。如烤猪肉和阿尔萨斯雷司令搭配，三文鱼搭配俄勒冈的黑皮诺。

10. 避免以下搭配

一是避免高单宁的红葡萄酒与绿色蔬菜或巧克力搭配，因为单宁会加重苦味；二是避免高单宁的红葡萄酒与较咸的食物搭配，因为单宁会增强咸味；三是避免甜酒搭配蔬菜或巧克力，因为甜味会增强苦味。

四、酒品与菜品的搭配实例

1. 2009 年诺贝尔宴会菜单

宴会主题："宛若童话"（Like a Fairy Tale）。

前菜：龙虾清汤配鞑靼酱鲜贝、龙虾和卡利克斯鱼子。

香槟：2002 年 Jacquart Brut Millesime（法国雅卡尔香槟酒）。

主菜：松露填鹌鹑配欧芹根、球芽甘蓝和波特酒腌肉汁。

红酒：2001 年 Chateau La Dominique（波尔多圣爱米利永）。

甜点：带有沙棘汁雪酪的柠檬和鲜芝士慕斯。

甜酒：2006 年 Tschida BA Seewinkel（奥地利新希德尔湖）。

餐后酒：Cointreau（君度利口酒）、Remy Martin V.S.O.P.（人头马 VSOP）。

2. 酒品与菜品的搭配实例

酒品与菜品的搭配实例如图2-73所示。

（a）奶酪搭配金巴伦
古堡干白葡萄酒

（b）烤小牛肉搭配金
巴伦古堡干红葡萄酒

（c）白灼虾配西西里圣克里斯蒂娜白葡萄酒

图2-73　浓郁度与食品香气搭配

五、调酒英语

How Important the Wine Food Pairing Is

In the days when our choices were just red or just white, it was easy to notice that red wine went with beef and white wine went with fish or chicken.

Today's wines, both red and white, are so varied in flavor and texture, that it's impossible to pinpoint with 100% accuracy the best wine food match.

Instead, look for a wine with the flavors, aromas and weight that most closely match the characteristics of your meal. It's all about balance.

One of the most important aspects of wine food pairing is matching the body of your wine with the level of intensity in the flavors of your food.

Lastly, if you are fine dining, by all means take advantage of their expert—the Sommelier. Sommeliers are there to help you find the best wine to suit your meal and your budget, so don't be afraid to ask.

参考译文

餐酒搭配的重要性

过去，当我们对葡萄酒的选择仅限于红白两种时，很容易发现红葡萄酒可以搭配牛肉，而白葡萄酒则可以搭配鱼肉或鸡肉。

今天，无论是红葡萄酒还是白葡萄酒，它们的味道和结构都种类繁多、风格迥异，很难说什么才是100%正确的搭配。

但是，你可以寻找一种葡萄酒，从味道、香气和酒体方面都能较好地搭配某一款菜肴的特色。这完全取决于做到酒和菜肴的平衡。

餐酒搭配中最重要的方面，是酒体和食物味道强烈程度的搭配。

最后，如果你在高档餐厅用餐，那就最大限度地利用这家高档餐厅的优势吧——侍酒师。侍酒师们可以在你的预算范围内向你推荐最搭配你所点菜肴的葡萄酒。所以不要吝啬，尽管咨询他们吧!

 拓展训练

练习为客人推荐葡萄酒与菜品搭配。

要求：1）熟记酒吧现有的葡萄酒特点。

2）熟悉餐厅的菜肴风味特点。

3）记录平时工作的葡萄酒与菜品搭配。

Chapter 3

外国蒸馏酒出品

模块三

任务一　　威士忌出品

点单

9 月 15 日晚上 9:00，Catherine 和 Mike 又准时来到中国大酒店的龙虾酒吧。调酒师 Jack 微笑着接待客人。听到客人询问烈酒，Jack 翻开龙虾酒吧酒单第 11 页"威士忌"，如图 3-1 所示。

Lobster Bar Beverage list
龙虾酒吧酒单

WHISKY（威士忌）	Glass/ 杯	Bottle/ 瓶
Macallan 25 years（麦卡伦 25 年）	328	8888
Johnnie Walker Blue Label（尊尼获加蓝牌）	198	3688
Macallan 18 years（麦卡伦 18 年）	158	2688
Chivas Regal 18 years（芝华士 18 年）	98	1688
Chivas Regal 12 years（芝华士 12 年）	58	888
Johnnie Walker Black Label（尊尼获加黑牌）	58	888
Johnnie Walker Red Label（尊尼获加红牌）	48	688
John Jameson（加美醇）	48	688
Ballantine's 12 years（百龄坛 12 年）	48	688
Canadian Club（加拿大俱乐部）	48	688
Four Roses（四玫瑰）	48	688

All Prices are in RMB and inclusive of Tax and Service Charge.
所有价格为人民币结算并已包含服务费。

图 3-1　龙虾酒吧酒单·威士忌

经过 Jack 的推荐，Catherine 点了一份百龄坛 12 年纯饮，Mike 点了一份芝华士 12 年加冰。

器具与材料准备

威士忌杯 1 个、岩石杯 1 个、量酒器 1 个，如图 3-2 所示，杯垫 2 个（图 1-2）。百龄坛 12 年 1 瓶、芝华士 12 年 1 瓶，如图 3-3 所示，冰块 1 桶［图 2-31（b）］。

（a）威士忌杯　　　（b）岩石杯　　　（c）量酒器　　　（a）百龄坛 12 年　（b）芝华士 12 年

图 3-2　威士忌出品器具准备　　　　　　　图 3-3　威士忌出品材料准备

 酒水出品

一、服务程序一

3-1　百龄坛出品

百龄坛 12 年纯饮的服务程序如下（图 3-4）。

1）在 Catherine 右手桌边放置一个杯垫。

2）取一个威士忌杯。

3）向 Catherine 示瓶。

4）用量酒器量出一份 1.5oz 的百龄坛，并倒入威士忌杯。

（a）放置杯垫　　　　　（b）取酒杯　　　　　（c）示瓶

图 3-4　百龄坛 12 年纯饮的服务程序

（d）量酒

（e）置酒

（f）配送冰水

（g）配送小吃

（h）示意慢用

（i）百龄坛纯饮

图 3-4　百龄坛 12 年纯饮的服务程序（续）

5）将一份百龄坛 12 年放在杯垫上。

6）配送小吃。

7）请 Catherine 慢用。

8）把百龄坛 12 年酒瓶放回原位。

3-1　芝华士出品

二、服务程序二

芝华士 12 年加冰的服务程序如下（图 3-5）。

1）在 Mike 右手桌边放置一个杯垫。

2）取一个岩石杯，并在岩石杯中加入 1/2 杯冰块。

3）向 Mike 示瓶。

4）用量酒器量出 1.5oz 的芝华士 12 年，并倒入岩石杯。

5）将一份芝华士 12 年加冰放在杯垫上。

6）配送小吃。

7）请 Mike 慢用。

8）把芝华士 12 年酒瓶放回原位。

三、出品标准

选用正确的载杯：威士忌纯饮时一般用威士忌杯，威士忌加冰时一般用岩石杯。

斟倒标准的分量：1 份 1.5oz 的威士忌。

（a）放置杯垫　　　　（b）加冰块　　　　　（c）示瓶　　　　　　（d）量酒

（e）置杯　　　　　　　　（f）配送小吃　　　　　　　（g）示意慢用

图 3-5　芝华士 12 年的服务程序

 知识银行

一、酒精饮料

酒精饮料（alcoholic drink）是指酒精含量在 0.5% 以上的饮料。根据生产工艺不同，酒精饮料可以分为酿造酒、蒸馏酒、配制酒。

1. 酿造酒

酿造酒（fermented wine）又称发酵酒，是以含有淀粉或者糖分的谷物（如麦芽，如图 3-6 所示）或水果为原料，经过制浆、糖化、发酵、过滤、杀菌、调配等工艺，产生含有酒精的饮料。酿造酒酒精度低，一般在 16° 以下，主要有黄酒、葡萄酒、啤酒、清酒等类型。

2. 蒸馏酒

蒸馏酒（distilled wine）是以含有淀粉或者糖分的谷物或水果为原料，经糖化、发酵后，再经过一次或多次蒸馏（图 3-7）提取的高酒精含量的饮料。蒸馏酒酒精度高，一般在 40° 以上，主要有中国白酒、威士忌、伏特加、白兰地、金酒、朗姆酒、特基拉等类型。

3. 配制酒

配制酒（compounded wine）是以葡萄酒、蒸馏酒或食用酒精为酒基，添加各种香味植物，经浸渍、串香、勾兑等工艺配制而成的酒。配制酒酒精度不定，一般为 20°～55°，主要有中国药酒、开胃酒、甜食酒、利口酒等类型。

二、威士忌定义

威士忌（Whisky/Whiskey）是以大麦、玉米等谷物为原料，经过发酵、蒸馏、陈酿、勾兑而成的一种烈性酒。

早在 1494 年，苏格兰就有明文记录威士忌。目前，威士忌是世界上产量和消费量第二大的蒸馏酒。

三、威士忌的特点

因生产地区不同，威士忌的特点略有差异。总体而言，威士忌色泽（图 3-8）棕黄带红，酒液清澈透明，气味焦香，略带烟熏味，口感甘略醇厚，酒精度以 40°居多。

图 3-6 麦芽

图 3-7 蒸馏

图 3-8 威士忌色泽

四、威士忌的种类

威士忌是谷物蒸馏酒中最具代表性的酒，但因原料和生产工艺不同，有着多种类别，如纯麦威士忌（Single Malt Whisky）、谷物威士忌（Grain Whisky）、兑和威士忌（Blended Whisky）、波本威士忌（Bourbon Whisky）等。根据传统生产地区，又可划分为苏格兰威士忌（Scotch Whisky）、爱尔兰威士忌（Irish Whiskey）、美国威士忌（American Whiskey）、加拿大威士忌（Canadian Whiskey）等。

1. 苏格兰威士忌

苏格兰威士忌是世界上最好的威士忌，主要集中在高地（Highland）、低地（Lowland）、康贝尔镇（Campbel town）、伊莱（Islay）等地生产。苏格兰威士忌的生产流程如图 3-9 所示。

按原料的不同和酿造方法的差异，苏格兰威士忌有三大类。

（1）纯麦威士忌

纯麦威士忌是以在露天泥炭上烘烤的大麦芽为原料，发酵蒸馏后，经特质的橡木桶陈酿后，再勾兑而成的酒。一般要求陈酿 3 年以上，陈酿 15～21 年为最优质酒。纯麦威士忌烟熏味较重，以伊莱产区生产居多。

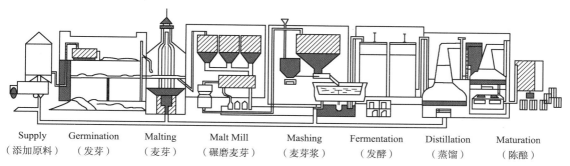

| Supply | Germination | Malting | Malt Mill | Mashing | Fermentation | Distillation | Maturation |
| （添加原料） | （发芽） | （麦芽） | （碾磨麦芽） | （麦芽浆） | （发酵） | （蒸馏） | （陈酿） |

图 3-9　苏格兰威士忌生产流程

（2）谷物威士忌

谷物威士忌是用大麦、玉米、黑麦等多种谷物为原料，经发酵蒸馏酿制而成。谷物威士忌主要用于勾兑威士忌，很少直接出售和饮用。

（3）兑和威士忌

兑和威士忌是用纯麦威士忌和谷物威士忌为原料，由酒厂勾兑师按照一定比例勾兑调和而成的酒。勾兑的威士忌烟熏味被冲淡，香味更诱人。目前市场销售的苏格兰威士忌大都是兑和威士忌。

2.　爱尔兰威士忌

爱尔兰威士忌的原料和生产，与苏格兰威士忌大体相似，只是没有采用泥煤熏烤，而代之以普通的无烟煤，因此爱尔兰威士忌没有烟熏味，成熟度高，口味绵长。

3.　美国威士忌

美国威士忌以玉米、黑麦为主要原料，蒸馏后经炭化的橡木桶陈酿而成。美国威士忌依据原料和生产，有单纯威士忌、混合威士忌、淡质威士忌之分，其中市场的主要产品是单纯威士忌类中的波本威士忌。

波本威士忌属于单纯威士忌，因原产地是美国肯塔基州波本郡而得名，是用不少于51% 的玉米为主要原料发酵蒸馏而成的。波本威士忌香味浓郁，口感醇厚，回味悠长。

4.　加拿大威士忌

加拿大威士忌由多种谷物原料生产酿制而成。跟其他威士忌相比，加拿大威士忌口感细腻，酒体轻盈，以淡雅著称。

五、威士忌等级标准

威士忌的等级划分通常以年份为标准，同品种的威士忌，年份长的为上品。威士忌的等级有三大类。

（1）标准级

标准级的威士忌依产地不同而要求不同，苏格兰标准级的威士忌必须在橡木桶陈酿 3 年，美国标准级的威士忌只需陈酿两年。

（2）中级

中级的威士忌一般陈酿 5 年以上，常见的有陈酿 5 年、8 年、10 年、12 年。

（3）高级

高级的威士忌一般陈酿15年以上，常见的有陈酿15年、18年、21年，更长者为30年、50年。

六、威士忌常见品牌

1. 苏格兰威士忌的常见品牌

1）纯麦威士忌的常见品牌有格兰菲迪（Glenfiddich）、麦卡伦（Macallan）、兰利斐（Glenlivet）、波摩（Bowmore），如图3-10所示。

（a）格兰菲迪　　　　　　（b）麦卡伦　　（c）兰利斐　　（d）波摩

图3-10　苏格兰纯麦威士忌的常见品牌

2）兑和威士忌的常见品牌有百龄坛（Ballantine's）、威雀（Famous Grouse）、金铃（Bell's）、格兰特（Grant's）、珍宝（J & B）、芝华士（Chivas Regal）、皇家礼炮（Royal Salute）、尊尼获加系列（红方、黑方、绿牌、金牌、蓝方）［Johnnie Walker（Red Label/Black Label/Green Label/Gold Label/Blue Label）］，如图3-11所示。

（a）百龄坛　　　　　　（b）威雀　　　　（c）金铃　　（d）格兰特　　（e）珍宝

图3-11　苏格兰兑和威士忌的常见品牌

（f）芝华士　　　　（g）皇家礼炮　　　　（h）尊尼获加系列（依次为红方、黑方、绿牌、金牌、蓝方）

图 3-11　苏格兰兑和威士忌的常见品牌（续）

2. 爱尔兰威士忌的常见品牌

爱尔兰威士忌的常见品牌有尊美醇（Jameson）、布什米尔（Bushmills），如图 3-12 所示。

3. 美国威士忌的常见品牌

美国威士忌的常见品牌有四玫瑰（Four Roses）、占边（Jim Beam）、美格（Maker's Mark）、杰克·丹尼尔（Jack Daniel's），如图 3-13 所示。

（a）尊美醇　（b）布什米尔　　　（a）四玫瑰　　（b）占边　　　（c）美格　　（d）杰克·丹尼尔

图 3-12　爱尔兰威士忌的常见品牌　　　　图 3-13　美国威士忌的常见品牌

4. 加拿大威士忌的常见品牌

加拿大威士忌的常见品牌有加拿大俱乐部（Canadian Club）、皇冠（Crown Royal）、施格兰特酿（Seagram's V.O），如图 3-14 所示。

七、威士忌的保存

威士忌保存不需冷藏，常温保存即可。酒瓶应竖立摆放，避免太阳光直接照射。

（a）加拿大俱乐部　　　　　　（b）皇冠　　　　　　（c）施格兰特酿

图3-14　加拿大威士忌的常见品牌

八、酒吧英语

Serving Scotch Whisky

The best way to serve Scotch is "on the rocks". In other words, you should not add anything to it, before serving. Just pour it in a glass, directly over the ice cubes. Scotch lovers believe that adding anything to the drink masks its smooth taste and rich aroma.

In case you aren't serving neat Scotch, you can keep soda or water alongside, to act as the mixer. By doing so, those people who do not want to have the drink neat, would be given the choice of adding the desired liquid.

For those who find Scotch to be too strong alone, you can serve cocktails. There are a large number of cocktails that are made with scotch, just check out online or in a recipe book.

参考译文

苏格兰威士忌的侍酒方法

苏格兰威士忌的最佳侍酒方式就是"加冰法"。换句话说，侍酒前什么都不加，只需将酒径直淋在杯中的冰块上。苏格兰威士忌的爱好者认为，威士忌中添加任何东西都会掩盖其醇厚的口感和纯正的麦香。

如果不是纯饮，则可以拿些苏打水或者冰水备用。这样，不想纯饮威士忌的人，就可以选在在酒内添加苏打水或冰水了。

而对于那些觉得苏格兰威士忌纯饮太烈的人士，则可以选择鸡尾酒。很多鸡尾酒都是用苏格兰威士忌调制的，网络上和酒谱书籍中都有迹可循。

拓展训练

1）根据酒吧的一个威士忌品牌，编写一份威士忌推荐说明。这份推荐说明要描述威士忌的生产酿造、特点、等级、饮用、服务、价格等商业特征。

2）根据酒吧的酒单或客人的具体要求，完成一份威士忌的出品服务。威士忌的出品能符合酒吧酒水出品的质量标准。

任务二　　伏特加出品

点单

9月16日晚上9:00，Mike 独自来到中国大酒店的龙虾酒吧，等候 Cathrine。经过与 Mike 的沟通交流，Jack 发现 Mike 喜欢 Vodka，于是翻开龙虾酒吧酒单第12页"伏特加"，如图 3-15 所示。

Lobster Bar Beverage list
龙虾酒吧酒单

VODKA 伏特加	Glass/ 杯	Bottle/ 瓶
Grey Goose Vodka （灰雁伏特加）	70	1188
Skyy Vodka （蓝天伏特加）	60	680
Absolut Vodka ［绝对伏特加（原味）］	50	580
Absolut Vodka Citron ［绝对伏特加（柠檬味）］	50	580
Absolut Vodka Mandrin ［绝对伏特加（橙味）］	50	580
Wyborowa Vodka （维波罗瓦伏特加）	50	580
Stolichnaya Vodka （红牌伏特加）	50	500

All Prices are in RMB and inclusive of Tax and Service Charge.
所有价格为人民币结算并已包含服务费。

图 3-15　龙虾酒吧酒单·伏特加

Jack 重点推荐酒吧新产品柠檬味伏特加。Mike 愉快地接受了，点了一份柠檬味伏特加加冰。

（a）绝对伏特加

（b）柠檬角

图 3-16　伏特加出品材料准备

器具与材料准备

岩石杯 1 个、量酒器 1 个、杯垫 1 个。绝对伏特加 ［图 3-16（a）］1 瓶、柠檬角［图 3-16（b）］1 片、冰块 1 桶 ［图 2-31（b）］。

酒水出品

3-2　伏特加出品

一、服务程序

柠檬味伏特加加冰的服务程序如下（图 3-17）。

1）在 Mike 右手侧桌边放置一个杯垫。

2）取一个 10oz 的岩石杯，并在岩石杯中加入 1/3 杯冰块。

3）向 Mike 示瓶。

4）用量酒器量出 1oz 绝对伏特加，并倒入岩石杯。

5）夹一片柠檬角投放入杯中，并将这份绝对伏特加放在杯垫上。

6）配送小吃。

7）请 Mike 慢用。

8）把绝对伏特加酒瓶放回原位。

（a）放置杯垫

（b）加入冰块

（c）示瓶

（d）量酒（1）

（e）量酒（2）

（f）置杯

图 3-17　伏特加加冰的服务程序

（g）配送小吃　　　　　　　（h）示意慢用

图 3-17　伏特加加冰的服务程序（续）

二、出品标准

选用正确的载杯——10oz 岩石杯。
斟倒标准的分量——1oz 伏特加（或根据客人要求）。
伏特加加冰如图 3-18 所示。

 知识银行

一、伏特加

伏特加是一种以谷物（如高粱、玉米、黑麦、小麦等）、土豆或甜菜糖浆等为原料，经过发酵、蒸馏，再过滤而成的烈性酒。

伏特加源于 12 世纪俄罗斯的"生命之水"。目前，世界上有十多个国家生产伏特加，传统生产国为东欧国家和波罗的海国家，如俄罗斯、格鲁吉亚、波兰、瑞典、芬兰等。随着饮料业的发展，美国、南非也开始生产较高品质的伏特加。

图 3-18　伏特加加冰

二、伏特加的特点

中性伏特加（neutral Vodka，图 3-19）无色透明，口感干爽，无其他气味；调味伏特加（flavored Vodka）颜色、口味多样，具有所加入的草药、香料、水果应具有的颜色和香味。伏特加酒精度一般为 38°以上。

三、伏特加的品种

根据原料和酿造方法，伏特加可划分为两种类型。

图 3-19　中性伏特加

1. 中性伏特加

中性伏特加就是指采用传统的生产原料和生产工艺酿制的伏特加。人们通常提到的伏特加就属于中性伏特加。

2. 调味伏特加

调味伏特加就是指在原酒中加入各种草药、香料、辣椒、水果等，浸泡后，再经过二次蒸馏提炼出来的伏特加。

在伏特加地区，调味伏特加早有生产，如水牛香茅草味、辣椒味、柠檬味等。近年来出现了更多的新口味，如香草味、樱桃味、蓝莓味、覆盆子味等，颇受年轻消费者青睐。

Stolichnaya（红伏）系列伏特加产品如图 3-20 所示。

图 3-20　Stolichnaya 系列伏特加产品

四、伏特加常见品牌

伏特加生产商一般不仅生产中性伏特加，也生产多种调味伏特加，因此同一种品牌的伏特加常常具有多种口味。其中，常见的中性伏特加品牌有红伏（Stolichnaya，俄罗斯）、绿伏（Moskovskaya，俄罗斯）、皇冠（Smirnoff，俄罗斯）、维波罗瓦（Wyborowa，波兰）、齐百露加酒（Zubrowka，波兰）、蓝天（Skyy，美国）、绝对（Abosolut，瑞典）、灰雁伏特加（Grey Goose Vodka，法国），如图 3-21 所示。

五、伏特加的保存

伏特加保存不需冷藏，常温保存即可。酒瓶应竖立摆放，避免太阳光直接照射。

（a）红伏　（b）绿伏　（c）皇冠　（d）维波罗瓦　（e）齐百露加酒　　　　　　（f）蓝天

图 3-21　中性伏特加常见品牌

（g）绝对　　　　　　　　　　（h）灰雁伏特加

图 3-21　中性伏特加常见品牌（续）

六、酒吧英语

Some Knowledge about Vodka

Vodka is traditionally drunk neat in the vodka belt countries of Eastern Europe and around the Baltic Sea. It is also commonly used in cocktails and mixed drinks, such as Bloody Mary, Screwdriver, Sex on the Beach, Black Russian and Vodka Martini.

参考译文

伏特加简介

　　处于东欧和波罗的海的几个国家都有喝纯伏特加的传统，这几个国家被称为"伏特加带"国家。伏特加也常常用于调制鸡尾酒和混合饮料，如"血红玛丽"、"螺丝钻"、"性感沙滩"、"黑色俄罗斯"和"伏特加马天尼"等。

 拓展训练

1）编写一份柠檬味蓝天伏特加的推荐说明。这份推荐说明要描述柠檬味蓝天伏特加的生产酿造、特点、等级、饮用、服务、价格等商业特征。

2）学习 Jack，根据 Mike 的点单，由你来完成一份柠檬味伏特加加冰的出品服务。出品服务要能符合酒吧酒水出品的质量标准。

任务三　　　　金酒出品

点单

9月16日晚上11:00，Catherine 进入中国大酒店的龙虾酒吧。得知 Catherine 喜欢松子的香味，调酒师 Jack 翻开龙虾酒吧酒单第 13 页"金酒"，如图 3-22 所示。

Lobster Bar Beverage list
龙虾酒吧酒单

GIN（金酒）	Glass/ 杯	Bottle/ 瓶
Tanqueray NO.10（添加利 10 号）	88	988
Tanqueray（添加利金酒）	68	780
Bonbay Sapphire（孟买蓝宝石）	58	680
Beefeater（必富达金酒）	58	680
Gordon's（哥顿金酒）	48	500

All Prices are in RMB and inclusive of Tax and Service Charge.
所有价格为人民币结算并已包含服务费。

图 3-22　龙虾酒吧酒单·金酒

向 Catherine 介绍金酒的不同饮法后，Jack 为她推荐了一款口味不浏的 Gin Tonic。

 器具与材料准备

高身杯 1 个（图 3-23）、量酒器 1 个、杯垫两个、吸管 1 支。Gordon's Gin 1 瓶、Tonic Water 1 罐、莱姆 1 片（图 3-24），冰块 1 桶。

图 3-23　高身杯

（a）Gordon's Gin

（b）Tonic Water

（c）莱姆片

图 3-24　Gin Tonic 出品的材料准备

酒水出品

一、服务程序

Gin Tonic 的服务程序如下（图 3-25）。

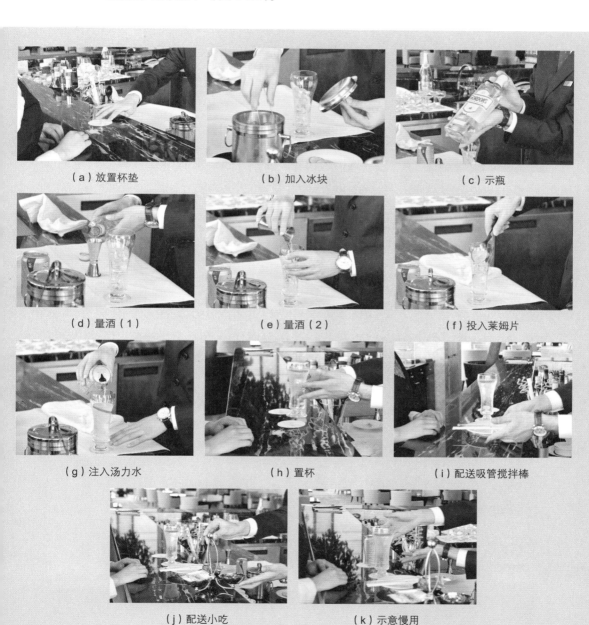

（a）放置杯垫　　　　　（b）加入冰块　　　　　（c）示瓶

（d）量酒（1）　　　　　（e）量酒（2）　　　　　（f）投入莱姆片

（g）注入汤力水　　　　　（h）置杯　　　　　（i）配送吸管搅拌棒

（j）配送小吃　　　　　（k）示意慢用

图 3-25　Gin Tonic 的服务程序

1）在 Catherine 右手桌边放置一个杯垫。

2）取一个 10oz 的高身杯，并在杯中加入 1/3 杯冰块。

3）向 Catherine 示瓶。

4）用量酒器量出 1.5oz Gordon's Gin，并倒入高身杯。

5）在杯中投入一片莱姆片。

6）注入新鲜的 Tonic Water 至八分满。

7）将一份 Gin Tonic 放在杯垫上，并配送 1 支吸管。

8）配送小吃。

9）请 Catherine 慢用。

10）把 Gordon's Gin 和 Tonic Water 放回原位。

二、出品标准

选用正确的载杯——10oz 高身杯。

斟倒标准的份量——八分满，如图 3-26 所示。

图 3-26　Gin Tonic 的标准分量

　知识银行

一、金酒

金酒（Gin）是以大麦、玉米、裸麦等谷物为原料，经过发酵、蒸馏后，加入杜松子（Juniper Berry，图 3-27）和其他植物香料二次蒸馏而成的一种烈性酒，如图 3-28 所示。Gin 也音译作"琴酒"或"毡酒"，还以其香味称为"杜松子酒"。

图 3-27　杜松子

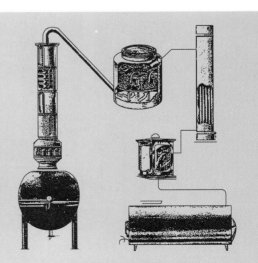

图 3-28　金酒酿造

金酒原产于 16 世纪的荷兰。17 世纪末金酒从荷兰传入英国后，英国成为世界上最主要的金酒生产国。现在，美国、南非、法国、德国、比利时等国家和地区也都成为了金酒的主要生产地。

二、金酒的特点

金酒色泽透明清亮（图 3-29），但是因生产工艺不同，伦敦干金酒含糖量极低，口味甘冽；荷兰金酒则杜松子香味明显，微甜。金酒常见酒精度为 37°～43.5°。

三、金酒的种类

根据金酒的生产和特点，行业上将金酒划分为两大类。

1. 荷兰金酒

荷兰金酒（Genever/Genièvre/Jenever）堪称荷兰的国酒，其色泽透明清亮，杜松子香味明显，微甜。除了荷兰的阿姆斯特丹（Amsterdam）和斯奇丹（Schiedam）外，比利时是 Jenever 的另一生产国。

图 3-29　金酒的色泽　图 3-30　冰镇荷兰金酒

荷兰金酒的传统饮用方法是整瓶冰镇（图 3-30），用一口杯饮用，很少用来调制鸡尾酒。

2. 伦敦干金酒

伦敦干金酒（London Dry Gin）是目前最主要的金酒品种。这种酒含糖量极低，口味甘冽，故称 Dry Gin 或 Extra Dry Gin，既可单独饮用，也可用于调制鸡尾酒。

生产干金酒的地区不局限于伦敦或英国，凡是符合这种类型的金酒，不论是否在英国生产，都可以称为 London Dry Gin。

四、金酒常见品牌

1）荷兰金酒常见品牌有波尔斯金酒（Bols Genever）、波克马金酒（Bokma Genever），如图 3-31 所示。

2）伦敦干金酒的常见品牌有必富达（Beefeater，又称将军毡）、哥顿毡（Gordon's）、添加利（Tanqueray）、孟买蓝宝石（Bombay Sapphire）、健尼路（Greenall's）、钻石金（Gilbey's），如图 3-32 所示。

（a）波尔斯金酒　（b）波克马金酒

图 3-31　荷兰金酒的常见品牌

五、金酒保存

金酒保存不需冷藏，常温保存即可。酒瓶应竖立摆放，避免太阳光直接照射。

（a）必富达　　　　（b）哥顿金　　　　（c）添加利　　　　（d）孟买蓝宝石　　　　（e）健尼路　　　　（f）钻石金

图 3-32　伦敦干酒的常见品牌

六、酒吧英语

Some Knowledge about Gin

Gin is a distilled, neutral spirit made from grains, natural sugars and other carbohydrates. It is distilled at least twice, first in a continuous still to neutralize the flavor, then a second time in a pot still with any number and variety of flavoring agents.

These botanicals commonly include coriander, cardamom, licorice, caraway, ginger, cinnamon, anise, lemon and orange peel. However, the evergreen juniper berry gives gin its signature flavor.

参考译文

金 酒 简 介

金酒一种是由谷物、天然糖和其他碳水化合物蒸馏而成的中性酒。蒸馏过程至少有两次：第一次是在连续蒸馏瓶中进行，以中和酒的风味；第二次则在间歇性蒸馏器中，与各种各样的调味物质混合蒸馏。

这些植物调味物质通常包括豆蔻、甘草、香菜、生姜、肉桂、茴香、柠檬和橙子皮等。然而，赋予金酒标志性味道的是常绿植物杜松子。

拓展训练

1）编写一份添加利金酒的推荐说明。这份推荐说明要描述添加利金酒的生产酿造、特点、等级、饮用、服务、价格等商业特征。

2）根据酒吧的酒单，完成一份添加利金酒加汤力水的出品服务。出品服务要能符合酒吧酒水出品的质量标准。

任务四　　白兰地出品

点单

9 月 17 日晚上 9:00，Catherine 和 Mike 进入中国大酒店的龙虾酒吧后，希望能品一品白兰地。调酒师 Jack 微笑着接待客人，待客人坐定后，双手递送上龙虾酒吧酒单，翻开第14 页 "白兰地"，如图 3-33 所示。

Lobster Bar Beverage list
龙虾酒吧酒单

BRANDY（白兰地）	Glass/ 杯	Bottle/ 瓶
Remy Martin Louis XIII （路易十三）	1198	28888
Hennessy Paradis （轩尼诗百乐庭）	328	8888
Martell Cordon Bleu （马爹利蓝带）	138	2588
Camus X.O （卡慕 XO）	168	3188
Chabot X.O （夏博 XO）	128	2188
Remy Martin V.S.O.P. （人头马 VSOP）	88	1688
Hennessy V.S.O.P. （轩尼诗 VSOP）	88	1688
Boulard Calvados （宝诺卡尔瓦多斯）	68	1188

All Prices are in RMB and inclusive of Tax and Service Charge.

所有价格为人民币结算并已包含服务费。

图 3-33　龙虾酒吧酒单·白兰地

经过 Jack 的细心推荐，Catherine 点了一份 Hennessy V.S.O.P.，Mike 点了一瓶 Remy Martin V.S.O.P.。

器具与材料准备

白兰地杯（图 3-34）两个、量酒器 1 个、杯垫 2 个。Hennessy V.S.O.P. 1 瓶、Remy Martin V.S.O.P. 1 瓶，如图 3-35 所示。

图 3-34　白兰地杯

（a）Hennessy V.S.O.P.

（b）Remy Martin V.S.O.P.

图 3-35　白兰地出品材料准备

 酒水出品

一、服务程序一

3-4　轩尼诗 VSOP 出品

Hennessy V.S.O.P. 的服务程序如下（图 3-36）。

1）在 Catherine 右手桌边放置一个杯垫。

2）取一个 10oz 的白兰地杯。

3）向 Catherine 示瓶。

4）用量酒器量出 1oz Hennessy V.S.O.P.，并倒入白兰地杯。

5）将一份 Hennessy V.S.O.P. 放在杯垫上。

6）配送小吃。

7）配送一杯冰水。

8）请 Catherine 慢用。

9）把 Hennessy V.S.O.P. 酒瓶放回原位。

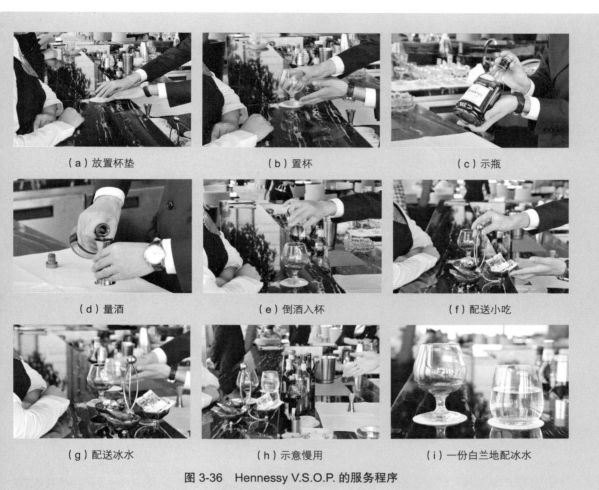

（a）放置杯垫	（b）置杯	（c）示瓶
（d）量酒	（e）倒酒入杯	（f）配送小吃
（g）配送冰水	（h）示意慢用	（i）一份白兰地配冰水

图 3-36　Hennessy V.S.O.P. 的服务程序

二、服务程序二

Remy Martin V.S.O.P. 的服务程序如下（图 3-37）。

1）取一瓶 Remy Martin V.S.O.P.，并向 Mike 展示。

2）开瓶。

3）在 Mike 右手侧桌边放置一个杯垫。

4）取一个 10oz 的白兰地杯。

5）用量酒器量出 1oz Remy Martin V.S.O.P.，并倒入白兰地杯。

6）将一份 Remy Martin V.S.O.P. 放在杯垫上。

7）配送一杯冰水。

8）配送小吃。

9）请 Mike 慢用。

10）把 Remy Martin V.S.O.P. 酒瓶放在 Mike 右前方。

3-4　人头马 VSOP 出品

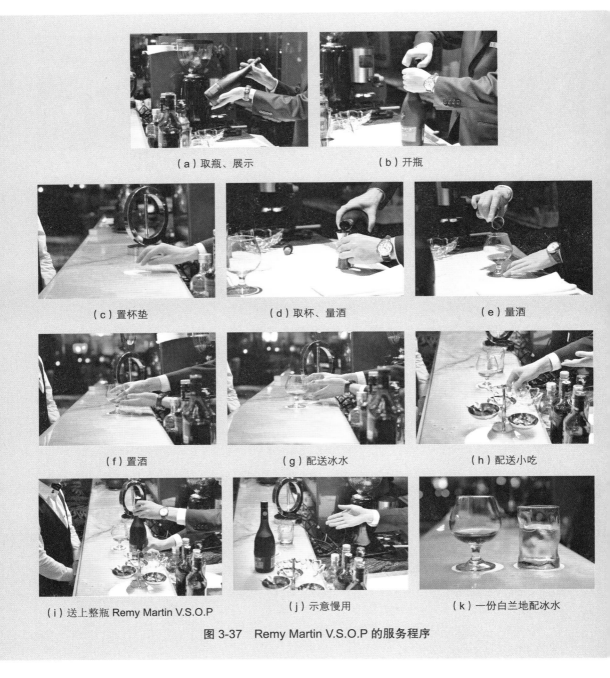

（a）取瓶、展示　　　　　　　　　（b）开瓶

（c）置杯垫　　　　　（d）取杯、量酒　　　　　（e）量酒

（f）置酒　　　　　（g）配送冰水　　　　　（h）配送小吃

（i）送上整瓶 Remy Martin V.S.O.P　　　（j）示意慢用　　　（k）一份白兰地配冰水

图 3-37　Remy Martin V.S.O.P 的服务程序

三、出品标准

选用正确的载杯——10oz 白兰地杯。

斟倒标准的分量——1oz 白兰地（或根据客人要求），如图 3-38 所示。

知识银行

一、白兰地

白兰地是一种以水果（如葡萄、樱桃、苹果等）为原料，经过蒸馏、橡木桶陈酿，再勾兑而成的烈性酒。

白兰地原产于法国干邑地区。目前，世界上生产葡萄酒的国家都生产白兰地。但是，白兰地以法国生产的为最好，法国白兰地则以干邑和雅文邑为最佳。

酿造白兰地的葡萄及酒窖如图 3-39 和图 3-40 所示。

图 3-38　1oz 白兰地

二、白兰地的特点

白兰地色泽金黄透亮，呈琥珀色（图 3-41），具有优雅细腻的葡萄果香和浓郁的陈酿酒香，口感甘洌，余香留杯，常见酒精度为 40°。

图 3-39　葡萄

图 3-40　酒窖

图 3-41　白兰地的色泽

三、白兰地的品种

根据白兰地的生产地区与原料，行业上将白兰地划分为 6 个品种。

1. 干邑

干邑（Cognac）是一种质量上乘的白兰地，素有"白兰地之王"的美称。1909 年 5 月 1 日，法国政府颁布法令：只有在法国干邑地区（大香槟区、小香槟区、边林区、优质林区、良质林区、普通林区等共 6 个产区）生产的白兰地才能称为"干邑"。自此，干邑成为优质白兰地的代名词。干邑产区如图 3-42 所示。

2. 雅文邑

雅文邑（Armagnac）是一种法国亚曼涅克地区生产的白兰地。雅文邑质量上好，风味独特，但与干邑相比，稍逊一筹。雅文邑产区如图 3-43 所示。

3. 法国白兰地

法国除了干邑和雅文邑以外的其他地区生产的白兰地，统称为法国白兰地（French Brandy）。

图 3-42　干邑产区

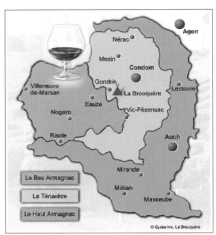

图 3-43　雅文邑产区图

4．其他国家白兰地

目前，有生产葡萄酒的国家一般都生产白兰地，品质较好的白兰地有西班牙白兰地、美国白兰地、意大利白兰地等。

5．葡萄渣白兰地

葡萄渣（pomace）白兰地是一种利用压榨葡萄汁后剩余的葡萄渣，发酵、蒸馏而成的烈性酒。品质较好的葡萄渣白兰地有法国生产的 Pomace Brandy 或 Marc（玛克酒）和意大利生产的 Grappa（格拉帕酒）。

6．水果白兰地

水果白兰地（fruit Brandy）是以各种水果为原料制造的白兰地，包括苹果、樱桃、李子、梨、杏等水果，其中最常见的是苹果白兰地和樱桃白兰地。

四、白兰地等级标准

白兰地等级一般是根据其陈酿时间来划分的，干邑白兰地等级的划分尤为严格。

1）V.S.（very superior）：普通白兰地，一般陈酿 2 年或以上。

2）V.S.O.P.（very superior old pale）：中档白兰地，一般陈酿 4 年或以上。

3）luxury：高档白兰地，一般陈酿 6 年或以上。

干邑生产商为区别高档白兰地，常采用其他标识，如 Napoleon、Cordon Bleu、Noblige、Club、X.O、Louis XIII 等。

五、白兰地常见品牌

干邑白兰地的常见品牌有马爹利（Martell）、人头马（Remy Martin）、轩尼诗（Hennessy）、拿破仑（Courvoisier）、豪达（Otard）。

雅文邑白兰地的常见品牌为夏博（Chabot）。

法国葡萄白兰地的常见品牌为万事好（Raynal）。

苹果白兰地的常见品牌为宝诺卡尔瓦多斯（Boulard Calvados）。

樱桃白兰地的常见品牌为马拉斯加酸樱桃白兰地（Maraska Kirsch Brandy）。

葡萄渣白兰地的常见品牌为诺尼诺格拉帕葡萄渣白兰地（Nonino Grappa）。

以上白兰地常见品牌如图 3-44 所示。

| （a）马爹利 | （b）人头马 | （c）轩尼诗 | （d）拿破仑 | （e）豪达 |

| （f）夏博 | （g）万事好 | （h）宝诺卡尔瓦多斯 | （i）马拉斯加酸
樱桃白兰地 | （j）诺尼诺格拉帕
葡萄渣白兰地 |

图 3-44 白兰地常见品牌

六、白兰地的保存

白兰地保存不需冷藏，常温保存即可。酒瓶应竖立摆放，避免太阳光直接照射。

七、酒吧英语

Some Knowledge about Brandy

Brandy is a spirit produced by distilling wine. Brandy generally contains 40% alcohol by volume and is typically taken as an after-dinner drink.

Brandy is also produced from fermented fruits other than grapes, but these products are typically called eaux-de-vie.

Brandy may be served neat or on the rocks. It is added to other beverages to make several popular cocktails; these include Brandy Alexander, Sidecar, Brandy Sour, and Brandy Old Fashioned.

Brandy is traditionally drunk neat at room temperature in western countries from a snifter or a tulip glass.

参考译文

白兰地简介

白兰地是一种由葡萄酒蒸馏而成的烈性酒。这种酒的酒精度通常是40%，通常作为餐后酒饮用。

除了葡萄以外，其他水果也可以发酵制成白兰地。但是这种产品通常叫做"eaux-de-vie"。

白兰地可以纯饮，亦可加冰饮用。除此以外，它也可加入其他饮料调制成流行鸡尾酒，包括"白兰地亚历山大"、"边车"、"白兰地酸"和"白兰地古典"等。

在西方国家，白兰地通常是在室温中用白兰地杯或者郁金香杯饮用。

 拓展训练

1）根据酒吧酒单中不同品种的白兰地，编写不同的推荐说明。这份推荐说明要描述这种白兰地的生产酿造、特点、等级、饮用、服务、价格等商业特征。

2）完成一份纯饮蓝带马爹利的出品服务。马爹利的出品要能符合酒吧酒水出品的质量标准。

任务五　　朗姆酒出品

点单

9月18日晚上9:30，Catherine进入中国大酒店的龙虾酒吧，等待Mike。酒吧服务员Jack递送上了龙虾酒吧酒单。Catherine曾经去古巴旅游，很喜欢古巴的朗姆酒兑果汁或者兑碳酸饮料。她翻到龙虾酒吧酒单第15页"朗姆酒"，如图3-45所示，点了一杯朗姆酒兑可乐。

Lobster Bar Beverage list
龙虾酒吧酒单

RUM（朗姆酒）	Glass/ 杯	Bottle/ 瓶
Havana Club 7 years（哈瓦那俱乐部 7 年陈）	88	1188
Myers's Dark Rum（美雅士黑朗姆）	68	988
Havana Club 3 years（哈瓦那俱乐部 3 年陈）	58	788
Captain Morgan Black（摩根船长黑朗姆）	58	788
Bacardi White（百加得白朗姆）	48	688
Bacardi Black（百加得黑朗姆）	48	688
Bacardi Gold（百加得金朗姆）	48	688

All Prices are in RMB and inclusive of Tax and Service Charge.

所有价格为人民币结算并已包含服务费。

图 3-45　龙虾酒吧酒单·朗姆酒

 器具与材料准备

高身杯 1 个、量酒器 1 个、柠檬夹 1 个、杯垫 1 个、吸管 1 支。摩根船长朗姆 1 瓶、可乐 1 罐、柠檬 1 片（图 3-46）、冰块 1 桶。

（a）摩根船长朗姆　　　　（b）可乐　　　　（c）柠檬片

图 3-46　朗姆酒出品材料准备

酒水出品

3-5　朗姆可乐出品

一、服务程序

朗姆酒兑可乐的服务程序如下（图 3-47）。

（a）放置杯垫

（b）加入冰块

（c）示瓶

（d）量酒入杯

（e）注入可乐

（f）挂杯装饰

（g）投入柠檬角

（h）加入吸管、搅拌棒

（i）置杯

（j）放置可乐

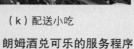
（k）配送小吃

（l）示意慢用

图 3-47　朗姆酒兑可乐的服务程序

1）在 Catherine 右手桌边放置一个杯垫。

2）取一个 10oz 的高身杯，并在杯中加入 1/3 杯冰块。

3）向 Catherine 示瓶。

4）用量酒器量出 1.5oz 摩根船长朗姆，并倒入高身杯。

5）注入新鲜可乐至八分满。

6）用一片柠檬挂杯，并投入柠檬角一块。

7）加入 1 支吸管、1 根搅拌棒。

8）将一份朗姆酒兑可乐放在杯垫上。

9）将开启后的可乐放置在高身杯边的杯垫上。

10）配送小吃。

11）请 Catherine 慢用。

12）把摩根船长朗姆放回原位。

图 3-48　朗姆酒兑可乐的标准分量

二、出品标准

选用正确的载杯——10oz 高身杯。

斟倒标准的分量——八分满，如图 3-48 所示。

 知识银行

一、朗姆酒

朗姆酒是一种以甘蔗（图 3-49）汁、糖蜜等为原料，经过发酵、蒸馏、陈酿而成的烈性酒。

朗姆酒起源于 17 世纪的西印度群岛。它的产生曾经与贸易、海盗、奴隶、禁酒令、黑手党等联系在一起。今天盛产甘蔗的地区均生产朗姆酒，最主要的生产国集中在加勒比海地

图 3-49　甘蔗

区和拉丁美洲地区，如波多黎各、巴巴多斯、牙买加等国。朗姆酒是当今世界上产量和销售量最大的蒸馏酒。

二、朗姆酒的特点

朗姆酒颜色多样（图 3-50），或无色透明，或金黄透亮，或色泽深棕，但无论呈现何种颜色，都有明显酒香。朗姆酒的常见酒度为 37.5°～40°。

三、朗姆酒的品种

根据口味和色泽的不同，朗姆酒通常分为 4 种。

图 3-50　朗姆酒颜色

1. 淡朗姆

淡朗姆酒（light rum/white rum/silver rum）陈酿时间短，可不需要橡木桶陈酿，只需过滤去色即可。这种酒无色透明、口味清香、酒体轻盈，较少直接纯饮，通常作为调制鸡尾酒的基酒。淡朗姆以波多黎各生产的为代表。

2. 金朗姆

金朗姆（gold rum）陈酿时间较长，一般采用经过炭化处理的白橡木桶陈酿 3 年。这种酒呈琥珀色，香气更浓，口味更重。金朗姆更适宜纯饮或加冰饮用。

3. 黑朗姆

黑朗姆（dark rum）一般经过炭化处理的橡木桶陈酿 5 年，再勾兑、调色而成。这种酒呈深棕色、口味厚重、香味浓郁、酒质醇厚，除了用于调酒，还常用作烹调用酒。黑朗姆以牙买加生产的为代表。

4. 调味朗姆

调味朗姆（flavored rum）是朗姆酒家族的新产品，是在生产朗姆酒时加入水果，如柠檬、青柠、橙子、蜜桃、芒果、椰子等。这种酒具有明显的果味和果香，酒精度较低，常见为 8.5%，可纯饮或加冰，也可与相应口味的果汁混合，或作为鸡尾酒基酒。

百加得朗姆系列产品如图 3-51 所示。

四、朗姆酒常见品牌

朗姆酒常见品牌有百加得（Bacardi，古巴）、百加得 151（Bacardi 151°，古巴）、摩根船长（Captain Morgan，牙买加）、美雅士（Myers's，牙买加）、奇峰（Mount Gay，巴巴多斯）、哈瓦那俱乐部（Havana Club，古巴），如图 3-52 所示。

五、朗姆酒的保存

朗姆酒不需冷藏，常温保存即可。酒瓶应竖立摆放，避免太阳光直接照射。

图 3-51　百加得朗姆系列产品

（a）百加得　　（b）百加得 151　　（c）摩根船长（金）　　（d）摩根船长（黑）　　（e）美雅士

（f）奇峰　　　　　　　　　　　　　　（g）哈瓦那俱乐部

图 3-52　朗姆酒常见品牌

六、酒吧英语

Some Knowledge about Rum

Rum is one of the oldest and most varied of distilled spirits. It is distilled from the juice of the sugar cane or molasses. Almost all rum is aged in charred oak casks for 30 years (although often less than 15 years), inheriting a golden to dark brown color over time. Rum aged in steel tanks remains colorless.

The Caribbean is host to a variety of the world's rum, and is also the origin of rum dating back to the 17th century. Rum products often differ greatly. Puerto Rican Rum for example, is a golden, light-bodied rum aged for at least 3 years, whereas Jamaican Rum is a rich dark rum, aged in oak casks for at least 5 years.

参考译文

朗姆酒简介

朗姆酒是最古老、最多样的蒸馏酒之一。它是由甘蔗汁或糖浆蒸馏而成的。几乎所有的朗姆酒都要求在炭化的橡木桶中陈酿30年（虽然实际上常常少于15年），随着时间推移，酒的颜色也因为橡木桶而变成了金色直到深棕色。而在不锈钢桶中陈酿的朗姆酒却是无色的。

加勒比海地区盛产很多享誉全球的朗姆酒，它也是17世纪时朗姆酒的发源地。朗姆酒产品间风格迥异。例如，波多黎各的朗姆酒经过至少3年陈酿，酒体较轻，呈金色；而牙买加的朗姆酒则至少需在橡木桶中陈酿5年，呈深棕色。

 拓展训练

1）编写一份金色百加得的推荐说明。这份推荐说明要描述百加得的生产酿造、特点、等级、饮用、服务、价格等商业特征。

2）完成一份金色百加得加冰的出品服务，出品要能符合酒吧酒水出品的质量标准。

任务六　　特基拉出品

点单

9月18日晚上10:00，Mike匆匆赶到中国大酒店的龙虾酒吧。调酒师Jack微笑着接待客人，待客人坐定后，双手递送上龙虾酒吧酒单，Mike喜欢墨西哥的国酒，于是他翻到龙虾酒吧酒单第16页"特基拉"，如图3-53所示。

Lobster Bar Beverage list
龙虾酒吧酒单

Tequila（特基拉）	Glass/ 杯	Bottle/ 瓶
Gran Centenario Anejo（经典百年陈酿）	158	2688
Sauza Gold（金瑞莎）	68	888
Jose Cuervo Gold（豪帅金快活）	58	788
Olmeca Glod（金牌奥美加）	58	788
Jose Cuervo Silve（豪帅银快活）	48	688
Olmeca Silve（银牌奥美加）	48	688

All Prices are in RMB and inclusive of Tax and Service Charge.

所有价格为人民币结算并已包含服务费。

图 3-53　龙虾酒吧酒单·特基拉

Mike 特别喜欢特基拉的传统喝法：把盐巴撒在虎口上，用拇指和食指握一杯特基拉，用无名指和中指夹一块柠檬，迅速舔一口盐巴，接着把酒一饮而尽，再咬一口柠檬，整个过程一气呵成，堪称一绝。于是，Jack 按照 Mike 的要求，送上一杯特基拉，并配上一小碟细盐和几块柠檬角。

 器具与材料准备

子弹杯［图 3-54（a）］（shot）1 个、量酒器 1 个、特基拉服务盘［图 3-54（b）］1 个。Jose Cuervo Gold 1 瓶、柠檬角 4 片、细盐 1 茶匙，如图 3-55 所示。

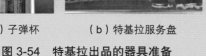

（a）子弹杯　　（b）特基拉服务盘　　　　（a）豪帅金快活　　（b）柠檬角和细盐

图 3-54　特基拉出品的器具准备　　　图 3-55　特基拉出品的材料准备

酒水出品

一、服务程序

特基拉＋盐＋柠檬片的服务程序如下（图 3-56）。

1）取一个特基拉服务盘。

2）取一个子弹杯。

3）向 Mike 展示 Jose Cuervo Gold。

4）用量酒器量出 1oz Jose Cuervo Gold，并倒入子弹杯。

5）将一份 Jose Cuervo Gold 放在特基拉服务盘中央，并在特基拉服务盘两边放上一茶匙细盐和 3 块柠檬角。

6）端送到 Mike 桌上。

7）配送小吃。

（a）取服务盘

（b）取子弹杯

（c）示瓶

（d）量酒入杯

（e）摆放细盐、柠檬角

（f）端送

（g）配送小吃

（h）示意慢用

（i）特基拉＋盐＋柠檬片

图 3-56 特基拉＋盐＋柠檬片的服务程序

8）请 Mike 慢用。

9）把 Jose Cuervo Gold 酒瓶放回原位。

二、出品标准

选用正确的服务用具——1oz 的子弹杯、特基拉服务盘。

配备标准——细盐、1oz 特基拉、柠檬片。

 知识银行

一、特基拉

特基拉是一种以龙舌兰为原料，经过发酵、蒸馏、陈酿而成的烈性酒。

早在 16 世纪，墨西哥就开始出现特基拉酒，如今特基拉酒成为了墨西哥特有的酒品。墨西哥法律规定，特基拉只能在哈利斯科州及其周边地区生产。墨西哥还声称他们对"特基拉"这个词有国际专属权，甚至对其他国家生产者以起诉为警示。特基拉的酿造流程如图 3-57 所示。

图 3-57 特基拉的酿造流程

二、特基拉的特点

特基拉呈无色透明或金黄色（图 3-58），口味泅洌，香气独特，常见酒度为 35°～55°。

三、特基拉的品种

依据生产的原料，特基拉有混合酒（mixto）和纯龙舌兰酒（100% agave）两种。混合酒用龙舌兰和甘蔗糖的混合原料（其中龙舌兰一般不超过 50%）酿制而成，纯龙舌兰酒则采用 100% 的龙舌兰为原料酿制而成。现在，行业上一般依据特基拉的颜色，将其划分成两个品种。

图 3-58 特基拉的色泽

1. 银色特基拉

银色特基拉（silver tequila）是在生产时，酒未经陈酿而直接装瓶。这种酒无色透明，口感辛辣，酒质较粗劣。

2. 金色特基拉

金色特基拉（gold tequila）生产时经过橡木桶陈酿一段时间。这种特基拉色泽金黄，酒质醇厚，口感柔和。

四、特基拉的等级标准

根据墨西哥官方规定，特基拉有 4 个等级。

1）blanco 或 plata：西班牙语 blanco 指"白色"，plata 是"银色"。这个等级的特基拉蒸馏后直接装瓶，没有经过陈酿，酒液无色透明，口感辛辣，酒味洳冽，酒质较粗劣。

2）joven abocado：西班牙语 joven abocado 指"年轻而爽口"，有时也称之为"oro"（金色）。这种酒的颜色可通过调色而成，酒质介于 blanco tequila 和 reposado tequila 之间。

3）Reposado：西班牙语 Reposado 指"休息过的"。这种酒在橡木桶中陈酿 2 个月至 1 年，酒质醇厚，口感柔和。

4）añejo：西班牙语 añejo 指"陈年的"。这种酒在橡木桶中陈酿 1～3 年，酒质更加柔顺，香味突出。陈酿 3 年以上者常被称为 extra añejo。

五、特基拉常见品牌

特基拉的常见品牌有豪帅快活（Jose Cuervo）、奥美加（Olmeca）、瑞莎（Sauza）、懒虫（Camino）、白金武士（Conquistador）、雷博士（Pepe Lopez）、唐胡里奥（Don Julio）、经典百年陈酿（Gran Centenario Anejo），如图 3-59 所示。

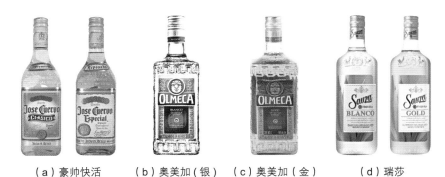

（a）豪帅快活　　（b）奥美加（银）　　（c）奥美加（金）　　（d）瑞莎

（e）懒虫　　　（f）白金武士　　（g）雷博士　　　（h）唐胡里奥　　（i）经典百年陈酿

图 3-59　特基拉常见品牌

六、特基拉的保存

特基拉保存不需冷藏，常温保存即可。酒瓶应竖立摆放，避免太阳光直接照射。

七、酒吧英语

Some Knowledge about Tequila

Tequila is probably the most known and consumed spirit in North America. Currently there are over 100 distilleries and over 2000 brand names have been registered in Mexico.

Tequila is not made from the grains or fruits most alcoholic beverages are made from. It is distilled from the blue agave plant.

It is consumed both neat (with no other ingredients) or as part of mixture of ingredients to produce cocktails. Here's the basic tasting method, the same method you've seen for wine: Swirl, Sniff, Sip, Swallow.

参考译文

特基拉简介

特基拉大概是北美最知名也是销量最大的烈性酒。迄今，墨西哥已经有100多家特基拉酿酒厂、2000多个特基拉注册商标。

和其他酒精饮料不同，龙舌兰不是由谷物或水果制成的，而是以蓝色的龙舌兰块茎蒸馏而成。

特基拉可以纯饮（不加其他配料），也可以用作调制鸡尾酒的原料。品鉴龙舌兰的基本步骤和葡萄酒的品鉴步骤一样：摇—嗅—喷—吞。

 拓展训练

1）编写一份金瑞莎的推荐说明。这份推荐说明要描述酒水的生产酿造、特点、等级、饮用、服务、价格等商业特征。

2）根据 Mike 的要求，完成一份特基拉特饮的出品服务，出品要能符合酒吧酒水出品的质量标准。

Chapter 4

配制酒出品

模块四

点单

9月19日下午5:30，中国大酒店龙虾酒吧开始营业了。看见 Catherine 和 Mike 进来，调酒师 Jack 微笑着跟他们打招呼。客人点了田园色拉和华尔道夫色拉后，Jack 翻开龙虾酒吧酒单第17页"开胃酒"，如图4-1所示。

Lobster Bar Beverage list
龙虾酒吧酒单

APERITIF（开胃酒）	Glass/杯	Bottle/瓶
Campari（金巴利）	48	688
Cinzano（仙山露）	48	688
Martini Blanco［马天尼（白）］	48	688
Martini Extra Dry［马天尼（干）］	48	688
Martini Rosso［马天尼（红）］	48	688
Pernod（潘诺）	48	688
Dubonnet（杜本纳）	58	888
Noilly Prat（洛里帕缇）	68	1088

All Prices are in RMB and inclusive of Tax and Service Charge.

所有价格为人民币结算并已包含服务费。

图4-1 龙虾酒吧酒单·开胃酒

根据客人所点菜品的特点，Jack 为 Catherine 推荐了一份 Martini Rosso 加冰，为 Mike 推荐了一份 Pernod 加冰水。Catherine 和 Mike 愉快地接受了。

器具与材料准备

岩石杯1个、特饮杯（图4-2）1个、杯垫2个、冰桶1个。Martini Rosso［图4-3（a）］

1 瓶、Pernod［图 4-3（b）］1 瓶、冰块、冰水［图 4-3（c）］。

图 4-2 特饮杯　（a）Martini Rosso　（b）Pernod　（c）冰水

图 4-3 开胃酒出品的材料准备

酒水出品

一、服务程序一

Martini Rosso on the rock 的服务程序如下（图 4-4）。

4-1 马天尼 Rosso 出品

1）取一个岩石杯，放入 1/3 杯的冰块。

2）向 Catherine 展示 Martini Rosso。

3）用量酒器量出 1oz Martini Rosso，并倒入岩石杯。

4）在 Catherine 右手桌边放置一个杯垫。

5）将一份 Martini Rosso on the rock 放在杯垫上。

6）配送小吃。

7）请 Catherine 慢用。

8）把酒瓶放回原位。

（a）加入冰块　（b）示瓶　（c）量酒入杯

图 4-4 Martini Rosso on the rock 的服务程序

（d）置杯垫

（e）置酒

（f）配送小吃

（g）示意慢用

（h）Martini Rosso on the rock

图 4-4　Martini Rosso on the rock 的服务程序（续）

二、服务程序二

Pernod with iced Water 的服务程序如下（图 4-5）。

1）取一个特饮杯，放入 1/3 杯的冰块。

2）向 Mike 示瓶。

3）用量酒器量出 1oz Pernod，倒入特饮杯。

4）在特饮杯中倒入 5oz 的冰水。

5）在 Mike 右手桌边放置一个杯垫，将一份 Pernod with iced water 放在杯垫上。

6）配送小吃。

7）请 Mike 慢用。

8）把酒瓶放回原位。

4-1　潘诺出品

（a）加冰块

（b）示瓶

（c）量酒（1）

图 4-5　Pernod with iced water 的服务程序

（d）量酒（2）　　　　　（e）倒入冰水　　　　　（f）置杯垫、置酒

（g）配送小吃　　　　　（h）示意慢用　　　　　（i）Pernod with iced water

图4-5　Pernod with iced water 的服务程序（续）

三、出品标准

选用正确的载杯：可视开胃酒是否加冰或加其他饮料，选用不同的酒杯。开胃酒加冰，一般选用岩石杯或高身杯。

斟倒标准的分量——1oz 开胃酒（或根据客人要求）。

 知识银行

一、开胃酒

从广义上说，开胃酒是指能够增进食欲的餐前酒，如干性葡萄酒、白兰地等。在本项目中，开胃酒特指以葡萄酒或蒸馏酒为酒基，调入各种香料，并具有开胃功能的酒。

二、开胃酒的种类

一般而言，现代开胃酒有 3 种类型，即味美思（vermouth）、比特酒（bitters）、茴香（anise）开胃酒。

1. 味美思

味美思是以葡萄酒为基酒，加入多种植物类香料浸制而成的一种酒。苦艾是味美思最主要的香料，味美思也因此得名苦艾酒。

味美思起源于意大利，具有悠久的历史。意大利至今仍然是味美思的著名生产国。

味美思的生产工艺比葡萄酒复杂。优质的味美思，选用酒体醇厚的陈年干白葡萄酒为基酒，选取 20 多种芳香植物的浸液调配到酒基中，或者把这些芳香植物直接放到基酒中浸泡，再经过半年的陈酿，最后生产出优质的味美思。

味美思按颜色和含糖量可分为干型味美思（dry/secco/sec vermouth）、白味美思（white/bianco/blanc vermouth）、红味美思（red/rosso/rouge vermouth）3 种。干型味美思的含糖量在 4%以下，酒度一般为 18°，呈浅麦秆色。白味美思的含糖量在 12%左右，酒度一般为 16°，色泽金黄。红味美思的含糖量高达 15%，酒度一般为 16°，色泽棕红。一般而言，味美思的色泽越深，含糖量越高；反之，色泽越淡，含糖量越低。

味美思主要在意大利和法国生产，常见的品牌有 Martini（马天尼）、Cinzano（仙山露）、Gancia（干加）、Noilly Prat（洛里帕缇）等，如图 4-6 所示。

（a）马天尼　　　　　　（b）仙山露　　　　　　（c）干加　　　　　　（d）洛里帕缇

图 4-6　味美思常见品牌

2. 比特酒

比特酒又音译为必打士酒，是以葡萄酒或蒸馏酒为基酒，加入金鸡纳霜、苦橘皮等植物根茎的药草配制而成的一种酒。比特酒味苦，药香和酒香突出，具有强身健体、助消化的功能，酒精度为 16°～44.7°。

比特酒主要生产于欧美，著名品牌有金巴利（Campari）、杜本纳（Dubonnet）、安哥斯杜拉（Angostura），如图 4-7 所示。值得注意的是，Angostura 比特酒主要是用于调制鸡尾酒，而 Campari 和 Dubonnet 是饮用型比特酒。

3. 茴香开胃酒

茴香开胃酒是以茴香为主要香料，再加上少量的其他配料（如柠檬皮、白芷根等），在蒸馏酒中浸制而成的一种酒。茴香开胃酒是无色透明或浅麦秆色，茴香味突出，酒度为 40°～45°。

世界著名的茴香酒主要有法国产的潘诺（Pernod）、里卡尔（Ricard）等，如图 4-8 所示。

（a）金巴利　（b）杜本纳　（c）安哥斯杜拉

图 4-7　比特酒著名品牌

（a）潘诺　（b）里卡尔

图 4-8　茴香酒著名品牌

三、酒吧英语

Some Knowledge about Aperitif

An aperitif is an alcoholic drink taken before a meal as an appetizer. Modern aperitifs are mixtures of wine, spirits and as many as 40 different kinds of herbs.

参考译文

开胃酒简介

开胃酒是餐前用来开胃的一种酒精饮料。现在的开胃酒是以葡萄酒、烈酒和多达 40 多种草本植物混合而成的。

 拓展训练

1. 练习为客人推荐开胃酒

要求：1）熟记酒吧现有的开胃酒品种、价格。

　　　2）熟悉开胃酒的种类、特点。

　　　3）掌握有关开胃酒的专业英语。

2. 训练开胃酒的出品

要求：1）认识开胃酒载杯。

　　　2）了解开胃酒出品标准。

　　　3）掌握开胃酒的服务程序。

点单

9月19日晚上7:30，Catherine用餐完毕，点了份杏仁饼干，Mike则点了份咖啡曲奇。Jack细心地翻开龙虾酒吧酒单第18页"利口酒"，如图4-9所示。

Lobster Bar Beverage list
龙虾酒吧酒单

IIQUEUR（利口酒）	Glass/杯	Bottle/瓶
Malibu（马利宝）	50	480
Galliano（加力安奴）	50	480
Cointreau（君度）	50	480
Kahlua（甘露咖啡）	50	480
Bailey's（百利甜酒）	50	480
Drambuie（杜林标）	50	480
Grand Marnier（金万利）	50	480
Melon Liqueur（蜜瓜甜酒）	50	480
Sambuca（森伯加）	50	480
Amaretto（方津杏仁）	50	480
Blos Blue（波尔斯蓝甜酒）	50	480
Blos Lychee（波尔斯荔枝甜酒）	50	480
Blos Strawberry（波尔斯草莓甜酒）	50	480

All Prices are in RMB and inclusive of Tax and Service Charge.

所有价格为人民币结算并已包含服务费。

图4-9 龙虾酒吧酒单·利口酒

经过详细地介绍利口酒特点后，Jack 为 Catherine 推荐一份 Cointreau with ice，为 Mike 推荐一杯 Sambuca with coffee bean。

 器具与材料准备

岩石杯 1 个、子弹杯 1 个、量酒器 1 个、杯垫 2 个、打火机（图 4-10）1 只、柠檬片 1 片，冰桶 1 个。Cointreau［图 4-11（a）］1 瓶、Sambuca［图 4-11（b）］1 瓶、冰块、咖啡豆［图 4-11（c）］。

图 4-10　打火机

（a）Cointreau

（b）Sambuca

（c）咖啡豆

图 4-11　利口酒出品的材料准备

 酒水出品

一、服务程序一

Cointreau with ice 的服务程序如下（图 4-12）。

1）取一个岩石杯，在杯中放入 1/3 的冰块。

2）向 Catherine 示瓶。

3）用量酒器量出 1oz Cointreau，倒入岩石杯。

4）在 Catherine 右手桌边放置一个杯垫。

5）将一份 Cointreau 放在杯垫上。

6）配送小吃。

7）请 Catherine 慢用。

8）把 Cointreau 酒瓶放回原位。

4-2　君度出品

119

（a）加冰块

（b）示瓶

（c）量酒（1）

（d）量酒（2）

（e）置杯垫

（f）置酒

（g）配送小吃

（h）示意慢用

图 4-12　Cointreau with ice 的服务程序

二、服务程序二

Smabuca 的服务程序如下（图 4-13）。

1）取一个一口杯。

2）向 Mike 示瓶。

3）用量酒器量出 1oz Sambuca，倒入一口杯。

4）将 3 粒咖啡豆放入杯中。

5）在 Mike 右手桌边放置一个杯垫。

6）将一份 Smabuca 放在杯垫上。

7）点燃酒液，并请 Mike 欣赏。

8）用柠檬片盖灭火焰。

9）配送小吃。

10）待火焰灭后，请 Mike 慢用。

4-2　森伯加出品

11）把 Smabuca 酒瓶放回原位。

三、出品标准

选用正确的载杯：可视利口酒是否加冰或其他饮料，选用不同的酒杯。纯饮利口酒一般用利口酒杯、一口杯或子弹杯，加冰则选用岩石杯。

斟倒标准的分量——1oz（或根据客人要求）。

（a）取杯　　　　　　　　　　　　　　（b）示瓶

（c）量酒（1）　　　　　　　（d）量酒（2）　　　　　　　（e）放入咖啡豆

（f）置杯垫　　　　　　　　　（g）置酒　　　　　　（h）点燃火焰，请客人欣赏

（i）盖灭火焰　　　　　　　　（j）配送小吃　　　　　　　（k）示意慢用

图 4-13　Smabuca 的服务程序

知识银行

一、利口酒

利口酒又称力娇酒或香甜酒，是以蒸馏酒或食用酒精为基酒，配制各种调香物，并经甜化处理制成的酒精饮料。

利口酒的生产主要集中在欧洲，其中以法国、意大利、荷兰等国的生产历史最为悠久，品牌多、产量大、质量高。目前，荷兰波士公司（Bols）是世界上最大的利口酒生产公司，成立于 1575 年，由阿姆斯特丹的卢卡斯·波尔斯（Lucas Bols）先生创立。在黄酒年代，航海家和水手们经过长途旅行后，从世界各地带回了多种异域香料，如亚洲的肉桂、地中海和加勒比海的柑橘类水果、非洲的丁香、塔西提岛的香子兰豆、保加利亚的玫瑰油及哥伦比亚的咖啡豆等。卢卡斯·波尔斯精选所需原料，并且对原料进行细致复杂的蒸馏、醇化、过滤，以便使这些原料发挥最佳的效能。时至今日，波士公司的产品（图 4-14），销往全球110 多个国家。

图 4-14 波士系列产品

二、利口酒的特点

由于采用蜂蜜或糖浆为甜化剂，利口酒总体口感较甜，含糖量高，大部分为 10%～20%。利口酒色泽娇艳多样，气味芳香，具有所添加的香料的颜色和香味。利口酒的酒精度数多样，大部分为 17°～55°。

三、利口酒的类型

根据香料物质不同，利口酒可分为水果利口酒、香草利口酒、种子利口酒、其他香料利口酒 4 种。

1. 水果利口酒

水果利口酒最为常见，采用色泽艳丽、香气明显的水果为香料，如波士公司有樱桃、柑橘、草莓、香蕉、椰子、桃子、蜜瓜、荔枝、猕猴桃、苹果、百香果等口味的利口酒。其中最大众的是柑橘类和樱桃类利口酒。

柑橘类利口酒：以橙子、橘子为香料的利口酒，具有浓郁的柑橘香味，口感甜润，颜色以无色和蓝色为常见，酒精度为 21°～40°。例如，法国产的君度（Cointreau）、金万利（Grand Marnier）、三干酒（Triple Sec），荷兰产的蓝波士（Bols Blue Curacao）等，如图 4-15 所示。

（a）君度　　　　（b）金万利　　　　（c）三干酒　　　　（d）蓝波士

图 4-15　柑橘类利口酒

樱桃类利口酒：以樱桃为香料的利口酒，口感微甜，樱桃香气明显，颜色以无色和红色为常见，酒精度为 24°～30°。例如，丹麦产的喜龄（Peter Herring）、荷兰产的樱桃波士（Bols Cherry Brandy）、意大利产的玛若希诺（Maraschino）等，如图 4-16 所示。

（a）喜龄　　　（b）樱桃波士　　　（c）玛若希诺

图 4-16　樱桃类利口酒

2. 香草利口酒

香草利口酒的基酒大都是蒸馏酒，香草种类繁多，酿制工艺复杂，有其独特的秘方，并且从不向外人透露，更具香草利口酒的神秘色彩。

常见的香草利口酒品牌有薄荷酒（Peppermint）、加力安奴（Galliano）、修道院酒（Chartreuse）、修士酒（又称泵酒、当酒 Benedictine）、杜林标（Drambuie）、巴菲利口酒（Parfait Amour）等，如图 4-17 所示。

3. 种子利口酒

种子利口酒是用植物的种子为原料制成的利口酒。一般用于酿制利口酒的种子多是含

（a）波士绿薄荷　　　（b）波士白薄荷　　　（c）加力安奴

（d）修道院酒　　　（e）修士酒　　　（f）杜林标　　　（g）波士巴菲利口酒

图 4-17　香草利口酒的常见品牌

油高、香味烈的坚果种子，如咖啡豆、可可豆、杏仁、茴香等。

咖啡利口酒：将咖啡豆在蒸馏酒中浸泡、蒸馏、提香，加糖勾兑而成，具有浓郁的咖啡香气，口感甜润，色泽深褐，酒度为20°～26°。例如，牙买加的添万利（Tia Maria）、墨西哥的甘露咖啡（Kahlua）等，如图 4-18（a）、图 4-18（b）所示。

可可利口酒：制法和咖啡酒相类似，具有浓郁的可可香气，口感甜润，为无色或深褐色，酒度为24°～28°。例如，荷兰的波尔斯［Bols Brown Cacao、Bols White Cacao，图 4-18（c）、图 4-18（d）］、美国的海勒姆沃克可可酒（Hiram Walker）等。

杏仁利口酒：以杏仁为主要香料，辅以其他果仁，兑入蒸馏酒制成，具有浓郁的杏仁香气，酒液绛红发黑，果香突出，口味甘美，酒度为30°～35°。例如，意大利的安摩拉多［Amaretto，图 4-18（e）］、法国的杏仁乳酒［Créme de noyaux，图 4-18（f）］、英国的阿尔蒙利口（Almond liqueurs）。

4. 其他香料利口酒

除了常见的果实、种子、草药类香料外，利口酒还有其他香料，如乳脂类的鸡蛋黄、百利甜酒（Baileys）的奶油等。

百利甜酒产于爱尔兰，由新鲜的奶油、纯正的爱尔兰威士忌、天然香料、巧克力调配而成，口感香滑纯正，甜蜜可人，色泽棕乳，酒精度为17°。目前百利甜酒有原味、巧克

（a）添万利　　（b）甘露咖啡　　（c）波尔斯棕可可酒　　（d）波尔斯白可可酒　　（e）安摩拉多　　（f）杏仁乳酒

图 4-18　种子利口酒的常见品牌

力味、咖啡味、薄荷味等不同口味，如图 4-19 所示。

蛋黄利口酒（Advocaat）产于荷兰，由白兰地、鸡蛋、香子兰果等香料蒸馏而成，色泽艳黄，口感浓稠，鸡蛋味明显，酒度为 15°，如图 4-20 所示。

图 4-19　百利甜酒　　　　　　　　图 4-20　蛋黄利口酒

四、酒吧英语

Four Ways to Make Liqueur

Distillation is the process of blending alcohol and flavoring agents together before distilling them.

Infusion is the steeping of mashed fruits or herbs in water or alcohol, often with the application of heat, then filtering the liquid and mixing it with neutral grain spirit and sugar.

Maceration is the steeping of herbs or fruits in alcohol, then filtering the liquid and mixing it with neutral spirit and sugar.

Percolation is like the process inside a coffeepot, circulating the alcohol through a container holding the materials from which the flavor is extracted over and over.

参考译文

利口酒的4种制作方法

蒸馏法：是一种将食用酒精和调香物质混合蒸馏的方法。

熬煮法：是将捣碎的果肉或香草浸泡在水或酒精中，通常还需加热，过滤出液体后，混入中性酒和糖浆。

浸渍法：将捣碎的香草或水果浸泡在酒精中，过滤后混合以中性酒和糖浆。

渗透法：就像咖啡壶的工作原理一样，食用酒精一遍遍通过盛放香料物质的容器，不断萃取其中的香味。

 **拓展训练**

1. 练习为客人推荐利口酒

要求：1）熟记酒吧现有的利口酒品种、价格。

2）熟悉利口酒的定义、特点、品种。

3）掌握有关利口酒的专业英语。

2. 训练利口酒的出品

要求：1）辨认利口酒杯。

2）了解利口酒出品标准。

3）掌握利口酒的服务程序。

Chapter 5

鸡尾酒出品

模块五

任务一 | **酒吧用具与设备**

点单

9 月 20 日晚上 10:30，Catherine 和 Mike 又走进中国大酒店龙虾酒吧。调酒师 Jack 看见老朋友来了，在吧台里高举右手，微笑着招呼他们坐到吧台前。经过 10 多天的接触，Catherine 和 Mike 对龙虾酒吧颇有兴趣，想参观酒吧情况。Jack 向酒吧经理请示后，带领他们参观了吧台，并详细介绍了酒吧设备、调酒用具、鸡尾酒载杯等。Catherine 和 Mike 对鸡尾酒调制的准备工作有了更感性的认识。

一、酒吧常用设备

1. 双门卧式冰箱

双门卧式冰箱（fridge）一般设在前吧区域，既可作冷藏库又可作操作台，可以冷藏碳酸饮料、啤酒等饮料，保存常用的调酒用品，如浓缩果汁、稀释果汁、水果、鸡蛋、奶类及其他容易变质的食品。柜台温度应保持在 4～8℃。

2. 双门可视消毒柜

双门可视消毒柜（double visual disinfection cabinet）是指通过紫外线、远红外线、高温、臭氧等方式，给酒吧杯具等物品进行杀菌消毒、保温除湿的工具。

3. 不锈钢水槽

不锈钢水槽（bar sink）指用于洗涤酒吧器皿的设备，分为清洗、冲洗、消毒清洗 3 部分。现酒吧一般都设清洗槽和沥水槽，消毒单独采用消毒柜。

4. 制冰机

制冰机（ice machine）是酒吧必备的制冷设备，所制的冰块规格一般分为方冰、半方冰、大方冰、圆形冰、月形冰、雪花冰及矿形冰等。

5. 洗杯机

洗杯机（glass washer）适合清洗玻璃器皿和陶瓷器皿，如高脚杯、平底杯、马克杯、咖啡杯等，清洗速度快、卫生。洗杯机由自动喷射装置和高温蒸汽管组成。

6. 搅拌机

搅拌机（blender）常用来调制分量多，或者材料中含有固体物、奶制品、鸡蛋等难以充分混合的饮料。

7. 自动榨汁机

自动榨汁机（automatic juicer）可用于榨取新鲜的蔬果汁，酒吧常见的榨汁机一般用来榨取橙汁、西瓜汁、青瓜汁、胡萝卜汁、苹果汁等出汁率较高的果汁。

8. 扎啤机

扎啤机（draft machine）又称生啤机，由制冷机、扎啤桶、二氧化碳气瓶组成。扎啤机的工作原理是用二氧化碳气瓶里的高压二氧化碳气体把扎啤桶里的啤酒压出，使啤酒进入制冷机，然后从酒嘴流出。

9. 咖啡机

咖啡机（coffee machine）分为半自动咖啡机（semi-automatic coffee machine）和全自动咖啡机（full-automatic coffee machine）。半自动咖啡机又称意大利式半自动咖啡机，一般用于专门制作意大利特浓（Espresso）或卡布奇诺（Cappuccino）。

全自动咖啡机一般含研磨咖啡豆、咖啡制作、牛奶加热等设备，该机器咖啡出品快、省人、省时，传统酒吧多使用此咖啡机。

10. 奶昔机

奶昔机（milk shake machine）是专门将鲜牛奶和冰淇淋搅拌而成奶昔的机器。

11. 苏打枪

苏打枪（bar soda gun）主要用于制作苏打水、特色碳酸饮料、含苏打水的鸡尾酒等饮品。苏打枪配合"二氧化碳充气囊"使用，每次使用一支"二氧化碳充气囊"。为保证苏打水的品质和口感，制作时最好使用冰水。

以上酒吧常用设备如图 5-1 所示。

（a）双门卧式冰箱

（b）双门可视消毒柜

（c）不锈钢水槽

（d）制冰机

（e）洗杯机

（f）搅拌机

图 5-1　酒吧常用设备

（g）自动榨汁机　　　　（h）扎啤机　　　　　　　（i）咖啡机　　　　　（j）奶昔机　　（k）苏打枪

图 5-1　酒吧常用设备（续）

二、酒吧调酒用具

1. 英式调酒壶

英式调酒壶（shaker）常用来摇和鸡尾酒或者其他特色饮品。英式调酒壶一般是不锈钢质地，也有玻璃质地或塑料质地，由壶盖、滤冰器、壶身 3 个部分组成，有小号调酒壶（250mL）、中号调酒壶（350mL）、大号调酒壶（530mL）3 种。随着生产工艺的发展，调酒壶的形状变化越来越多，出现了一些各具造型的调酒壶。

2. 波士顿调酒壶

波士顿调酒壶（Boston shaker）又称美式调酒器，常用来摇和鸡尾酒或者其他特色饮品。一般由不锈钢壶身和玻璃调酒杯组成，其中不锈钢壶身也可用作花式调酒的 Tin（容器）。

3. 吧匙

吧匙（bar-spoon）是一种专用于酒吧调酒搅拌的用具。吧匙一端是匙，可用于酒水搅拌、沥酒和量酒，另一端为叉，可叉取装饰物，中间是带有螺旋纹的手柄，便于手握和旋转搅拌。

4. 调酒杯

调酒杯（mixing-glass）是一种体高、底平、厚壁的玻璃杯，通常与吧匙配合使用，用来调制调和法鸡尾酒。有些调酒杯标有刻度，用来量取酒水。传统的调酒杯容量为 18oz。

5. 滤冰器

滤冰器（strainer）是用作过滤酒液与冰块的工具。当鸡尾酒调制完成后，要将酒从调酒杯中注入载杯时，滤冰器盖在调酒杯的上面，分离酒液和冰块。

6. 量酒器

量酒器（jigger）又称盎司杯，是一种用来计量酒水容器的器皿。一般为不锈钢质地，也有玻璃质地，型号多样，常见的量酒器组合为 0.5oz 与 1oz，或 1oz 与 1.5oz，或 1oz 与 2oz。

7. 酒吧刀

酒吧刀（bar-knife）一般选用小型或中型刀，用来切制小装饰物，如柠檬片、柠檬角、橙角等，或者用来雕切水果拼盘。

8. 砧板

砧板（cutting-board）是酒吧切割装饰物或雕切水果拼盘的用具，多选用塑料质地的砧板。

9. 搅酒棒

搅酒棒（stirrer）是用来搅拌酒液的工具，常用作含有冰块的长饮类饮品的出品服务，供客人自行调和酒水使用。随着生产工艺的发展，搅拌棒的形状变化越来越多，出现了一些花色造型的搅拌棒。

10. 冰铲

冰铲（ice scoop）用作从制冰机、冰槽或冰桶中取冰，有不锈钢和塑料质地，型号多种，有大号、中号、小号之分。

11. 冰桶

冰桶（ice bucket）一般有两种功能：一是用来盛放冰块，二是用来盛放冰块和冰水，做冰镇香槟酒、葡萄酒等酒品之用。

12. 冰夹

冰夹（ice tong）用来夹取冰块、装饰物等物品，一般为不锈钢质地。

13. 糖盅

糖盅（sugar bowl）是用于盛取糖粉或糖包的专用器皿，一般为玻璃器皿。

14. 奶盅

奶盅（milk jar）用于盛放牛奶，以作为调制鸡尾酒的辅料或出品牛奶咖啡的伴侣。

15. 开瓶器

开瓶器（bottle opener）是用于开启玻璃瓶盖的工具，是调酒师必备的专用工具之一，被称为"调酒师之友"。

16. 鸡尾酒签

鸡尾酒签（cocktail stick）主要用来串联组合装饰物，或增加装饰效果。

17. 吸管

吸管（drinking straw）是一种方便客人饮用酒品的工具，常用于长饮类鸡尾酒、非酒精饮料、特色饮品等。随着生产工艺的发展，吸管的形状变化越来越多，出现了一些各具特色的吸管，如艺术吸管、刨冰吸管、金属三角吸管、特色吸管、荧光吸管等，这些吸管起着实用和装饰的双重作用。

18. 杯垫

杯垫（coaster）用来垫在鸡尾酒杯杯底，起防滑、隔热、隔冷的作用，预防杯子或冷藏酒水的水珠滑落，保持桌面干净。杯垫质地多样、种类繁多，如纸质杯垫、橡胶杯垫、真皮杯垫、木制杯垫、环保 PU（polyurethane，聚氨酯）杯垫、PVC（polyvinyl choride，聚氯乙烯）环保杯垫等，有些酒吧还印制具有 logo 的杯垫。

19. 酒嘴

酒嘴（pourer）是一种专门装在酒瓶瓶口上，用来控制酒液流量的工具。酒嘴常用在使用频率高的烈性酒瓶上，或在花式调酒表演时使用。酒嘴可分为可控酒量酒嘴和不可控酒量酒嘴，有不锈钢质地和塑料质地之分。

20. 碾棒

碾棒（muddle）通常用来捣碎香草、水果、薄荷叶、冰块、糖块等原料，如在调制 Mojito 鸡尾酒时用碾棒捣碎薄荷叶。

21. 柠檬喷雾剂

柠檬喷雾剂（lemon spray）是一种盛放柠檬汁和柠檬油的工具，用来喷挤柠檬汁或柠檬油。

22. 服务托盘

服务托盘（serving tray）指用于酒吧托送酒水、饮料、食品等常用的工具。根据质地一般分木制托盘、塑料托盘、树脂托盘、金属托盘等，酒吧常用的是圆形小托盘。

酒吧调酒用具如图 5-2 所示。

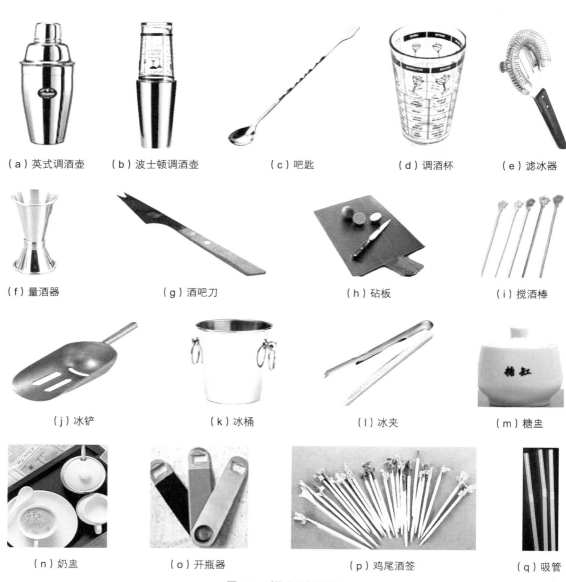

（a）英式调酒壶　　　（b）波士顿调酒壶　　　　（c）吧匙　　　　　（d）调酒杯　　　（e）滤冰器

（f）量酒器　　　　　　（g）酒吧刀　　　　　　（h）砧板　　　　　　（i）搅酒棒

（j）冰铲　　　　　　　（k）冰桶　　　　　　　（l）冰夹　　　　　　（m）糖盅

（n）奶盅　　　　　　　（o）开瓶器　　　　　　（p）鸡尾酒签　　　　　（q）吸管

图 5-2　酒吧调酒用具

（r）杯垫　　　　　　（s）酒嘴　　　　　　（t）碾棒　　　　（u）柠檬喷雾剂　　　　（v）服务托盘

图 5-2　酒吧调酒用具（续）

三、酒吧酒杯

1. 古典杯

古典杯（old-fashioned glass）：平底、宽口，杯身不高，杯壁厚实，容量一般为 8～12oz，适用盛载加冰块的酒品。

2. 白兰地杯

白兰地杯容量一般为 8～12oz，当净饮白兰地时使用。

3. 鸡尾酒杯

鸡尾酒杯（cocktail glass）又称为马天尼杯，杯体呈三角形，又称三角鸡尾酒杯，容量一般为 3～6oz，用来盛载短饮类鸡尾酒。

4. 浅碟形香槟杯

浅碟形香槟杯又称阔口香槟杯，容量一般为 4～8oz，主要用于盛载香槟酒或摆放香槟塔。

5. 郁金香型香槟杯

郁金香型香槟杯容量一般为 4～8oz，主要用于盛载香槟酒。

6. 一口杯

一口杯又称烈酒杯，容量一般为 1oz 或 2oz，用于盛载净饮各种烈性酒（白兰地酒除外）或特色鸡尾酒。

7. 玛格丽特杯

玛格丽特杯：高脚、宽口杯，杯身呈梯形，逐渐缩小至杯底，容量一般为 10～12oz，主要盛载玛格丽特鸡尾酒或中长饮类鸡尾酒。

8. 利口酒杯

利口酒杯容量一般为 35mL，用于盛载餐后甜酒，或特色鸡尾酒。

9. 雪利酒杯

雪利酒杯容量为 1.5～3oz，专门用于盛载雪利酒。

10. 波特酒杯

波特酒杯容量规格为 2～4oz，专门用于盛载波特酒。

11. 柯林斯杯

柯林斯杯又称平底高身杯，容量为 8～12oz，用于盛载长饮鸡尾酒类。

12. 海波杯

海波杯平底、杯身直，容量为 8～10oz，一般用来盛载高球类鸡尾酒或其他混合饮料。

13. 白葡萄酒杯

白葡萄酒杯：高脚，收口，容量一般为8～12oz，主要用于盛载白葡萄酒。

14. 红葡萄酒杯

红葡萄酒杯：高脚，收口，较白葡萄酒杯深、大，容量一般为8～16oz，主要用于盛载红葡萄酒。

15. 果汁杯

果汁杯：杯形多样，或平底，或矮脚，容量一般为8～12oz，主要用于盛载果汁或矿泉水。

16. 飓风酒杯

飓风酒杯容量一般为12～22oz，用于盛载热带风味的鸡尾酒或特色鸡尾酒。

17. 潘趣缸

潘趣缸（punch bowl）指专门用来盛载潘趣类鸡尾酒的大型玻璃容器，一般配有潘趣杯和潘趣勺。

18. 啤酒杯

啤酒杯（beer glass）款式多样，有比尔森杯、高脚比尔森杯、马克杯之分，容量一般为360～1500ml。

19. 酸酒杯

酸酒杯（sour glass）容量为4～6oz，用于盛载酸味鸡尾酒和部分短饮鸡尾酒。

20. 特饮杯

特饮杯（drink cup）容量为10～12oz，用于盛载特色鸡尾酒。

酒吧酒杯如图5-3所示。

（a）古典杯　　　（b）白兰地杯　　　（c）鸡尾酒杯　　　（d）浅碟形香槟杯　　　（e）郁金香型香槟杯

（f）一口杯　　　（g）玛格丽特杯　　　（h）利口酒杯　　　（i）雪利酒杯　　　（j）波特酒杯

图5-3　酒吧酒杯

（k）柯林斯杯　　（l）海波杯　　（m）白葡萄酒杯　　（n）红葡萄酒杯　　（o）果汁杯　　（p）飓风酒杯

（q）潘趣缸　　　　（r）啤酒杯　　（s）酸酒杯　　（t）特饮杯

图 5-3　酒吧酒杯（续）

四、酒吧英语

The Bar Table

Two condiment stations along with serving utensils, cocktail napkins, and stirrers should be easily accessible. Also place ice buckets (covered) with tongs at each end of the table, and have a couple of cocktail shakers. Finally, offer a soda and juice selection at either end of the table.

参考译文

吧　台

　　吧台的设置包括：两个原料台，侍酒器皿、鸡尾酒餐巾纸、调酒棒要触手可及。吧台两端要放置（带盖的）冰桶和冰夹，以及几个调酒壶。最后，吧台的两端也要摆放一些精选的苏打水和果汁。

拓展训练

1. 练习酒吧设备的操作使用和保养

要求：熟悉酒吧现有设备的安全使用和日常保养。

2. 练习酒吧调酒用具的使用方法

要求：1）熟记酒吧现有的酒吧用具名称。

2）熟悉酒吧现有用具的清洗、操作过程。

3. 练习酒吧调酒杯具的使用方法

要求：1）熟记酒吧现有的酒吧杯具的名称和种类。

2）熟悉酒吧现有杯具的容量、清洗、用途。

任务二　　**兑和法鸡尾酒出品**

点单

9 月 20 日晚上 11:00，Catherine 和 Mike 参观完中国大酒店的龙虾酒吧，准备品尝一下鸡尾酒。调酒师 Jack 翻开龙虾酒吧酒单第 19 页 "兑和鸡尾酒"，如图 5-4 所示。

Lobster Bar Beverage list
龙虾酒吧酒单

COCKTAIL（鸡尾酒）	Glass/ 杯
Bloody Mary（血玛丽）	58
Cuba Libra（自由古巴）	58
Pousse Cafe（普施咖啡）	58
Black Russian（黑色俄罗斯）	58
Cointreau Tea（君度茶）	58
Argels Kiss（天使之吻）	58
B-52 Bomber（B-52 轰炸机）	58
Around the World（环游世界）	58

All Prices are in RMB and inclusive of Tax and Service Charge.

所有价格为人民币结算并已包含服务费。

图 5-4　龙虾酒吧酒单·兑和鸡尾酒

Jack 向 Catherine 和 Mike 详细地介绍兑和鸡尾酒及其调制，并为 Catherine 推荐了一款酒度不高又营养丰富的 Bloody Mary，为 Mike 推荐了酒劲十足又富有欣赏性的 B-52 Bomber。

 器具与材料准备

器具：古典杯 1 个、利口杯 1 个、吧匙 1 支、量酒器 1 个、杯垫 2 个。

基酒：伏特加酒。

辅料：番茄汁（tomato juice）、李派林喼汁（Lea & Perrins Worcestershire Sauce）、辣椒籽汁（Tabasco pepper sauce）、盐（salt）、胡椒粉（pepper）、柠檬汁（lemon juice）、咖啡利口酒（coffee Liqueur）、百利甜酒（Baileys）、君度酒（Cointreau），如图 5-5 所示。

装饰物：芹菜梗（celery）、柠檬片（lemon slice）。

（a）伏特加　　（b）李派林喼汁　　（c）辣椒仔汁　　（d）咖啡利口酒　（e）百利甜酒　　（f）君度

图 5-5　兑和鸡尾酒出品的材料准备

 酒水出品

一、服务程序一

Bloody Mary 的服务程序如下。

（一）调制准备

1）先将古典杯放在操作台上 [图 5-6（a）]。

2）再将伏特加酒、番茄汁、李派林喼汁、辣椒籽汁、盐、胡椒粉、柠檬汁、芹菜梗依次摆放在操作台上 [图 5-6（b）]。

3）将量酒器摆放在操作台上。

（二）调制过程

1）先将两三块冰块加入古典杯中。

（a）置杯　　　　　（b）基酒、配料

图 5-6　调制准备

2）再依次用量酒器将伏特加酒 1oz、番茄汁 3oz、柠檬汁 1oz、李派林嗯汁、辣椒汁、盐、胡椒粉各 1Dash（鸡尾酒的计量单位，1Dash＝5mL）加入古典杯中。

3）最后在杯中放入芹菜梗作装饰和搅拌使用。

调制过程如图 5-7 所示。

（a）加冰

（b）量取伏特加 1oz

（c）加入番茄汁 3oz

（d）加入柠檬汁 1oz

（e）加入李派林嗯汁、辣椒汁

（f）加入盐

（g）加入胡椒粉

（h）芹菜梗搅拌

图 5-7 调制过程

（三）酒水出品

1）将调好的酒水放在杯垫上（图 5-8）。

2）请 Catherine 慢用。

（四）整理吧台

1）把所有酒水原料放回原位（图 5-9）。

2）清洗调酒用具。

二、服务程序二

B-52 Bomber 的服务程序如下。

图 5-8 调制好的 Bloody Mary

（一）调制准备

1）先将利口酒杯放在操作台上。

2）再将咖啡利口酒、百利甜酒、君度酒摆放在操作台上。

3）将量酒器和泡在清水中的吧匙摆放在操作台上。

4）穿好柠檬片。

B-52 Bomber 的调制准备如图 5-10 所示。

（二）调制过程

1）先用量酒器将咖啡利口酒 1/3oz 直接倒入利口酒杯中。

2）再用吧匙将百利甜酒 1/3oz 轻轻漂浮在咖啡利口酒上。

3）最后用吧匙将君度酒 1/3oz 轻轻漂浮在百利甜酒上。

B-52 Bomber 的调制过程如图 5-11 所示。

图 5-9　将原料放回原位

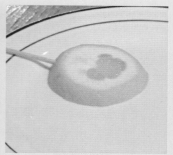

（a）利口酒杯　　（b）咖啡利口酒、百利甜酒、君度酒　　（c）吧匙　　（d）柠檬片

图 5-10　B-52 Bomber 的调制准备

（a）量取咖啡利口酒　　　　（b）兑入百利甜酒　　　　（c）兑入君度

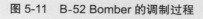

图 5-11　B-52 Bomber 的调制过程

（三）酒水出品

1）将调好的酒放在杯垫上。

2）请 Mike 品尝前点燃该酒。

3）待 Mike 欣赏完后，将穿好的柠檬片放在杯口上盖灭火焰并擦拭杯口。

B-52 Bomber 的酒水出品如图 5-12 所示。

（a）置杯垫　　　　　　（b）点燃　　　　　　（c）盖灭火焰

图 5-12　B-52 Bomber 的酒水出品

三、出品标准

1）选用正确的载杯——古典杯、利口杯。

2）酒品出品要求如下。①Bloody Mary：酒液不滴洒、量酒规范、口味标准、装饰物美观、垫好杯垫。②B-52 Bomber：酒液不滴洒、分层清晰不混层、每层高度一致、垫好杯垫。

 知识银行

一、鸡尾酒

鸡尾酒是指依据配方，将原料按一定的比例和调制方法，混合而成的一种饮品。

二、鸡尾酒的基本结构

鸡尾酒的基本结构有 3 种：基酒、辅料、装饰物。

1. 基酒

基酒是确定鸡尾酒的口味、风格等基本特征的酒。基酒主要有 6 类蒸馏酒，即金酒、伏特加酒、朗姆酒、特基拉酒、威士忌酒、白兰地酒等，有时候利口酒、开胃酒、葡萄酒、香槟酒也可作为鸡尾酒的基酒，但此类配方较少。

2. 辅料

辅料是衬托基酒的个性，增强鸡尾酒的色香味的饮料。酒吧常见的辅料有配制酒、果汁、碳酸饮料、牛奶、茶、咖啡、蛋、糖、蜂蜜、盐、胡椒粉、辣椒籽、李派林喼汁等。

3. 装饰物

装饰物在鸡尾酒中起着画龙点睛的作用，有些装饰物既当辅料又起到调味的作用。调酒常用的装饰物有柠檬、橙子、樱桃、橄榄、小洋葱、薄荷叶、芹菜秆、菠萝、黄瓜、纸伞、鸡尾酒签等。有些鸡尾酒（如彩虹酒、B-52 轰炸机等漂浮类鸡尾酒）可不用装饰。

三、兑和法鸡尾酒的调制方法

1. 兑和法

兑和法（build）又称直接注入法，是将材料按照配方直接注入杯内，无须搅拌，或轻微搅拌的一种鸡尾酒调制方法。

有些鸡尾酒（如彩虹酒、B-52 轰炸机等漂浮类鸡尾酒）需要根据酒的含糖量或酒的比重大小，用吧匙浇着让酒液沿杯壁缓慢倒入，分出层次，无须搅拌。

2. 兑和法注意事项

第一，用兑和法调制的鸡尾酒大多使用平底杯，如海波杯、岩石杯或古典杯、柯林斯杯等，个别鸡尾酒使用利口酒杯或一口杯（如彩虹鸡尾酒、B-52 轰炸机等）。

第二，如配方中有冰块，调制时一般都先将冰块放入载杯中。

第三，使用平底杯时，一般都要求加入吸管，个别配方还要求加入搅拌棒，以供客人自行搅拌。

3. 兑和法鸡尾酒的代表配方

1）血玛丽的配方如表 5-1 所示。

表 5-1　血玛丽

酒名	血玛丽 Bloody Mary	
基酒	伏特加酒 1oz	Vodka 1oz
辅料	番茄汁 3oz 李派林喼汁 3~4 滴 辣椒汁 3~4 滴 盐少许 白胡椒粉少许	Tomato 3oz Lee & perrins 1Dash Tabasco Sauce 1Dash Little salt Little pepper to taste
酒杯	古典酒杯（或海波杯）	Old fashioned glass（or Highball）
装饰物	西芹梗	Celery bar
调制方法	兑和法	Build
操作过程	先将上述原料按顺序倒入加有冰块的古典杯中，再将西芹梗插在杯中	

2）自由古巴的配方如表 5-2 所示。

表 5-2　自由古巴

酒名	自由古巴（Cuba Libra）	
基酒	朗姆酒 1.5oz	Rum 1.5oz
辅料	青柠汁 0.5oz 可乐	Lime Juice 0.5oz Cola
酒杯	柯林斯杯	Collins glass
装饰物	红樱桃、搅拌棒、吸管	Red cherry, mixing stirrer, straw
调制方法	兑和法	Build
操作过程	先将朗姆酒、青柠汁量入加有冰块的柯林斯杯中，在冲兑 7 分满可乐，最后将红樱桃挂在杯口，插入搅拌棒、吸管	

3）彩虹鸡尾酒的配方如表 5-3 所示。

表 5-3　彩虹鸡尾酒

酒名	彩虹鸡尾酒（Rainbow Cocktail）	
基酒	红石榴糖浆 1/4oz	Grenadine 1/4oz
辅料	绿薄荷酒 1/4oz 橙味甜酒 1/4oz 白兰地 1/4oz	Creme de Menthe Green 1/4oz Triple Sec 1/4oz Brandy 1/4oz
酒杯	甜酒杯	Cordial glass
装饰物	无	Nil
调制方法	兑和法	Build
操作过程	依次将红石榴糖浆、绿薄荷酒、橙味甜酒、白兰地，用吧匙沿着倒入甜酒杯中，分层不相混，每层高度一致，可将最上层的白兰地点燃，熄灭后用柠檬片擦拭杯口	

4）黑色俄罗斯的配方如表 5-4 所示。

表 5-4　黑色俄罗斯

酒名	黑色俄罗斯（Black Russian）	
基酒	伏特加酒 1oz	Vodka 1oz
辅料	咖啡甜酒 1/2oz	Kahlua 1/2oz
酒杯	古典酒杯	Old fashioned glass
装饰物	无	Nil
调制方法	兑和法	Build
操作过程	将上述原料按分量量入加有冰块的古典杯中，无须搅拌	

5）君度茶的配方如表 5-5 所示。

表 5-5　君度茶

酒名	君度茶（Cointreau Tea）	
基酒	君度酒 1oz	Cointreau 1oz
辅料	热红茶	Hot Black Tea
酒杯	马克杯	Coffee mug with handle
装饰物	橙片	Orange slice
调制方法	兑和法	Build
操作过程	先将带柄咖啡杯温杯，再将君度、热红茶量入咖啡杯中，最后将橙片投入杯中	

6）天使之吻的配方如表 5-6 所示。

表 5-6　天使之吻

酒名	天使之吻（Angels Kiss）	
基酒	咖啡利口酒 1oz	Kahlua 1oz
辅料	淡奶 1/4oz	Cream 1/4oz
酒杯	甜酒杯	Cordial glass
装饰物	酒签穿红樱桃	Red cherry on cocktail stick
调制方法	兑和法	Build
操作过程	先将咖啡利口酒量入甜酒杯中，再把穿好的红樱桃架在杯口，最后将淡奶顺着红樱桃慢慢倒入，产生分层效果	

7）B-52 轰炸机的配方如表 5-7 所示。

表 5-7　B-52 轰炸机

酒名	B-52 轰炸机	
基酒	咖啡利口酒 1/3oz	Kahlua 1/3oz
辅料	百利甜酒 1/3oz 君度酒 1/3oz	Bailey's 1/3 oz Cointreau 1/3 oz
酒杯	一口杯	Shot glass
装饰物	无	Nil
调制方法	兑和法	Build
操作过程	先将上述原料按顺序用吧匙滗着倒入利口杯中，产生分层效果，再点燃该酒	

8）环游世界的配方如表 5-8 所示。

表 5-8　环游世界

酒名	环游世界（Around the world）	
基酒	伏特加酒 1oz	Vodka 1oz
辅料	菠萝汁 3oz 绿薄荷酒 1oz	Pineapple juice 3oz Peppermint Green 1oz
酒杯	柯林斯杯	Collins glass
装饰物	红樱桃、菠萝角、搅拌棒、吸管	Red cherry, pineapple wedge, mixing stirrer, straw
调制方法	兑和法	Build
操作过程	先将伏特加量入加有冰块的柯林斯杯中，再量入菠萝汁，最后将绿薄荷酒沿杯壁倒入杯中，慢慢沉到杯底。用酒签穿红樱桃、菠萝角挂在杯口，加搅拌棒、吸管	

四、酒吧英语

Bartending Basics

As you begin your journey in the world of cocktails, you'll most likely come across many recipes that ask you to shake this and muddle that along with a few other common bartending techniques. These methods are the commonly required in the majority of cocktails. With a little practice, by making drinks for yourself and friends, these drink preparations will become second nature.

参考译文

调酒基础

当你开始鸡尾酒世界之旅时，你很可能遇到许多酒谱，要求你摇摇这个，混合那个，此外还有一些常见的调酒手法。很多鸡尾酒的调制都需要用到这些方法。因此在为自己和朋友调制饮料时，只要稍加练习，这些饮料的调制就会变成你天性的一部分，信手拈来。

 拓展训练

1. 练习为客人推荐兑和法鸡尾酒

要求：1）熟记酒吧现有的兑和法鸡尾酒的品种、价格。

2）熟悉兑和法鸡尾酒的定义、特点、操作过程。

3）掌握鸡尾酒的分类方法。

2. 练习兑和法鸡尾酒的出品

要求：1）认识兑和法鸡尾酒使用的载杯。

2）了解各类兑和法鸡尾酒的出品标准。

3）掌握兑和法鸡尾酒的服务程序。

任务三　　调和法鸡尾酒出品

点单

9月21日晚上10:00，Catherine 和 Mike 来到中国大酒店的龙虾酒吧。经过前一天的品饮，他们对鸡尾酒有了兴趣，想看看不同的鸡尾酒。调酒师 Jack 打开龙虾酒吧酒单，翻到第20页"调和鸡尾酒"，如图5-13所示。

Lobster Bar Beverage list
龙虾酒吧酒单

COCKTAIL（鸡尾酒）	Glass/ 杯
Godfather（教父）	58
Dry Martini（干马天尼）	58
Sweet Manhattan（甜曼哈顿）	58
Rob Roy（罗布罗伊）	58
Rusty Nail（生锈丁）	58
Old Fashioned（古典）	58
Stinger（史丁格）	58
Godmother（教母）	58

All Prices are in RMB and inclusive of Tax and Service Charge.

所有价格为人民币结算并已包含服务费。

图 5-13　龙虾酒吧酒单·调和鸡尾酒

Jack 介绍了调和鸡尾酒，并为他们推荐了"鸡尾酒之王"Dry Martini 和"鸡尾酒之后"Sweet Manhattan。

 器具与材料准备

器具：鸡尾酒杯 2 个、吧匙 1 支、调酒杯 1 个、量酒器 1 个、杯垫 2 个。

材料金酒（Gin）、干味美思酒（Dry Vermouth）、占边（Jim Beam）威士忌、甜味美思（Sweet Vermouth）、红樱桃（red cherry）、酿青水橄榄（stuffed green olive），除红樱桃外，其余材料如图 5-14 所示。

（a）金酒　　（b）干味美思酒　　（c）占边威士忌　　（d）甜味美思　　（e）橄榄

图 5-14　调和鸡尾酒出品的材料准备

 酒水出品

一、服务程序一

5-3　甜曼哈顿出品

Sweet Manhattan 的服务程序如下。

（一）调制准备

1）将鸡尾酒杯（先用冰块冰杯）放置在操作台上。

2）将威士忌、甜味美思摆放在操作台上。

3）将量酒器、吧匙摆放在操作台上。

4）酒签穿好红樱桃。

Sweet Manhattan 的调制准备，如图 5-15 所示。

（二）调制过程

1）先将冰块加入调酒杯中。

2）将威士忌 1.5oz、甜味美思 1/2oz 量入调酒杯中。

3）用吧匙在调酒杯中搅拌。

（a）鸡尾酒杯　（b）威士忌、甜味美思

（c）量酒器　　　（d）吧匙

图 5-15　Sweet Manhattan 的调制准备

4）将杯中冰块倒掉，再将鸡尾酒滤入杯中。

5）投入穿好的红樱桃。

Sweet Manhattan 的调制过程，如图 5-16 所示。

（a）调酒杯加冰

（b）量取威士忌　　　　　　（c）量取甜味美思

（d）搅拌　　　　　（e）滤冰　　　　　（f）放置装饰物

图 5-16　Sweet Manhattan 的调制过程

（三）酒水出品

1）将鸡尾酒放置在杯垫上（图 5-17）。

2）请 Catherine 慢用。

（四）整理吧台

1）把所有酒水原料放回原位，收拾台面。

2）清洗调酒用具。

图 5-17　Sweet Manhattan

二、服务程序二

Dry Martini 的服务程序如下。

（一）调制准备

1）将鸡尾酒杯（先用冰块冰杯）放置在操作台上。

2）将金酒、干味美思酒摆放在操作台上［图 5-18（a）］。

5-3　干马天尼出品

（a）金酒、干味美思

（b）橄榄

图 5-18　Dry Martini 的调制准备

3）将量酒器、酒吧匙摆放在操作台上。

4）穿好酿青水橄榄［图 5-18（b）］。

（二）调制过程

1）用量酒器将金酒 1.5oz、干味美思 4 滴量入加有冰块的调酒杯中。

2）用吧匙在调酒杯中搅拌。

3）将杯中冰块倒掉，再将鸡尾酒滤入杯中。

4）将穿好的酿青水橄榄投入杯中。

Dry Martini 的调制过程如图 5-19 所示。

（三）酒水出品

1）将鸡尾酒放在杯垫上（图 5-20）。

2）请 Mike 慢用。

（四）整理吧台

1）把所有酒水原料放回原位，收拾台面。

2）清洗调酒用具。

（a）量取金酒

（b）倒入干味美思 4 滴

（c）搅拌

（d）滤冰

（e）投入装饰物

图 5-19　Dry Martini 的调制过程

三、出品标准

1）选用正确的载杯——鸡尾酒杯。

2）酒品出品要求如下。① Sweet Manhattan：酒液不滴洒、量酒规范、出品标准化、垫好杯垫。② Dry Martini：酒液不滴洒、量酒规范、酒杯冰冻效果好、装饰正确、垫好杯垫。

 知识银行

图 5-20　调制好的 Dry Martini

一、鸡尾酒调制的原则与注意事项

1）调酒应使用新鲜的冰块。

2）调制前应选择好载杯并冰杯。

3）量酒应使用量器，以保证出品的酒水标准化。

4）调制完成后，应立即滤入载杯中并端送给客人。

5）鸡尾酒出品时应使用杯垫。

6）量取酒水后，应立即拧紧瓶盖并复位。

7）水果应选择新鲜的、成熟的。切装后的水果应用洁净的湿布包裹好，冷藏备用。

8）柑橘类水果压榨前用热水浸泡，提高出汁率。

9）使用鸡蛋清时应用力摇动，以增加泡沫、丰富泡沫细腻程度。

10）碳酸类饮品不可放入调酒壶中摇荡，以防发生酒液四溅。

11）使用樱桃罐头做装饰物时，应先用清水漂洗。

12）"加满苏打水或其他饮料"是根据配方最后加入苏打水或其他饮料至八分满，添加量是针对特定载杯而言的。对于容量较大的酒杯，需要掌握添加分量，一味地"加满"只会冲淡酒味。

二、调和法鸡尾酒的调制方法

1. 调和法

调和法是将酒水倒入加有冰块的调酒杯中，用吧匙搅匀后，再用滤冰器滤入载杯。

2. 调和法的注意事项

第一，调和法调制的一般为短饮，多适用鸡尾酒杯、阔口香槟杯等。

第二，搅和酒水时吧匙背应贴着调酒杯的杯壁顺时针搅动。

第三，搅拌时间不宜太长，一般搅拌 10～15 次即可，以防冰块过分融化，冲淡酒味。

第四，操作时动作不宜太大，以防酒液溅出。

3. 调和法鸡尾酒的配方

1）教父的配方如表 5-9 所示。

表 5-9　教父

酒名	教父（Godfather）	
基酒	苏格兰威士忌 1.5oz	Scotch Whisky 1.5oz
辅料	杏仁利口酒 1/2oz	Apricot Liqueur1/2oz
酒杯	马天尼杯或三角形鸡尾酒杯	Martinai glass / cocktail glass
装饰物	无	Nil
调制方法	调和法	Stir
操作过程	先冰杯，再将原料量入加有冰块的调酒杯中，搅匀后滤入三角形鸡尾酒杯中	

2）干马天尼的配方如表 5-10 所示。

表 5-10　干马天尼

酒名	干马天尼（Dry Martini）	
基酒	金酒 1.25oz	Gin 1.25oz
辅料	干味美思 1/4oz	Dry Vermouth 1/4oz
酒杯	马天尼杯或三角形鸡尾酒杯	Martinai glass / cocktail glass
装饰物	酿青水橄榄	Stuffed green olive
调制方法	调和法	Stir
操作过程	先冰杯，再将原料量入加有冰块的调酒杯中，搅匀后滤入三角形鸡尾酒杯中，最后用酒签穿酿青水橄榄投入杯中装饰	

3）甜曼哈顿的配方如表 5-11 所示。

表 5-11　甜曼哈顿

酒名	甜曼哈顿（Sweet Manhattan）	
基酒	威士忌 1.5oz	Whisky 1.5oz
辅料	甜味美思 1/2oz	Sweet Vermouth 1/2oz
酒杯	马天尼杯或三角形鸡尾酒杯	Martinai glass / cocktail glass
装饰物	酒签穿红樱桃	Wine signed with red cherry
调制方法	调和法	Stir
操作过程	先冰杯，再将原料量入加有冰块的调酒杯中，搅匀后滤入三角形鸡尾酒杯中，最后用酒签穿红樱桃投入杯中装饰	

4）罗布罗伊的配方如表 5-12 所示。

表 5-12　罗布罗伊

酒名	罗布罗伊（Rob Roy）	
基酒	苏格兰罗布罗伊威士忌 1.5oz	Scotch Rob Roy Whisky 1.5oz
辅料	甜味美思 1/4oz	Sweet Vermouth 1/4oz
酒杯	马天尼杯或三角形鸡尾酒杯	Martinai glass / cocktail glass
装饰物	红樱桃	Red cherry
调制方法	调和法	Stir
操作过程	先将冰杯，再将原料量入加有冰块的调酒杯中，搅匀后滤入三角形鸡尾酒杯中，最后将红樱桃挂在杯口装饰	

5）生锈丁的配方如表 5-13 所示。

表 5-13　生锈丁

酒名	生锈丁（Rusty Nail）	
基酒	苏格兰威士忌 1.5oz	Scotch Whisky 1.5oz
辅料	杜林标 1/2oz	Drambuie 1/2oz
酒杯	马天尼杯或三角形鸡尾酒杯	Martinai glass / cocktail glass
装饰物	柠檬皮	Lemon peel
调制方法	调和法	Stir
操作过程	先冰杯，再将原料量入加有冰块的调酒杯中，搅匀后滤入三角形鸡尾酒杯中，最后将柠檬皮投入杯中装饰	

6）古典的配方如表 5-14 所示。

表 5-14　古典

酒名	古典（Old Fashioned）	
基酒	威士忌 1.5oz	Whisky 1.5oz
辅料	清水 1/2oz	Clean water 1/2oz
	白糖浆 1/3oz	White syrup 1/3oz
	苦精数滴	Dashes of bitter
酒杯	古典杯	Old fashioned glass
装饰物	樱桃穿橙片	Cherry string orange slice
调制方法	调和法	Stir
操作过程	先将冰块加入到古典杯中，再将原料量入加有冰块的调酒杯中，搅匀后滤入古典杯中，最后将樱桃穿橙片投入杯中作装饰	

7）史丁格的配方如表 5-15 所示。

表 5-15　史丁格

酒名	史丁格（Stinger）	
基酒	白兰地 1.5oz	Brandy 1.5oz
辅料	白薄荷酒 1/2oz	Peppermint White 1/2oz
酒杯	马天尼杯或三角形鸡尾酒杯	Martinai glass / cocktail glass
装饰物	无	Nil
调制方法	调和法	Stir
操作过程	先将鸡尾酒杯冰杯，再将原料量入加有冰块的调酒杯中，搅匀后滤入鸡尾酒杯中	

8）教母的配方如表 5-16 所示。

表 5-16　教母

酒名	教母（Godmother）	
基酒	伏特加 1.5oz	Vodka 1.5oz
辅料	杏仁甜酒 1/2oz	Apricot liqueur 1/2oz
酒杯	古典杯	Old fashioned glass
装饰物	无	Nil
调制方法	调和法	Stir
操作过程	先将伏特加、杏仁甜酒依次量入加有冰块的古典杯中，用酒吧匙搅匀即可	

三、酒吧英语

Shaking Versus Stirring (1)

I have very specific opinions regarding stirring versus shaking: Drinks that contain spirits only，such as Martinis, Manhattans and Rob Roys，should be stirred. Drinks that contain fruits and citrus juice should be shaken. The difference between stirring and shaking is most noticeable in the outlook of the drinks and the feel of the texture on your tongue.

参考译文

摇和法和调和法（1）

　　我认为摇和法和调和法的区别是非常明确的：含有烈酒的饮料，如马天尼、曼哈顿和罗布罗伊，要用调和法；含有果肉和柑橘类果汁的饮料则应该使用摇和法。摇和法和调和法所调制出的饮料，其差别在饮料的外观和品尝时所感受到的酒体结构上都是显而易见的。

拓展训练

1. 练习为客人推荐调和法鸡尾酒

要求：1）熟记酒吧现有的调和法鸡尾酒的品种、价格。

2）熟悉调和法鸡尾酒的定义、特点、操作过程。

3）掌握酒吧匙的多种操作手法。

2. 练习调和法鸡尾酒的出品

要求：1）认识调和法使用的载杯。

2）了解各类调和法鸡尾酒的出品标准。

3）掌握调和法鸡尾酒的服务程序。

任务四	摇和法鸡尾酒出品

 点单

9 月 22 日晚上 10:00，Catherine 和 Mike 又如期来到中国大酒店的龙虾酒吧。他们想看看花式调酒表演，Jack 先翻开龙虾酒吧酒单第 21 页"摇和鸡尾酒"，如图 5-21 所示。

Lobster Bar Beverage list 龙虾酒吧酒单	
COCKTAIL（鸡尾酒）	Glass/ 杯
Daiquiri（得其利）	58
Brandy Alexander（白兰地亚历山大）	58
Pink Lady（红粉佳人）	58
Whisky Sour（威士忌酸）	58
Side Car（旁车）	58

图 5-21 龙虾酒吧酒单·摇和鸡尾酒

COCKTAIL（鸡尾酒）	Glass/ 杯
Bacardi Codetail（百加地）	58
Grasshopper（青蚱蜢）	58
Margrita（玛格丽特）	58

All Prices are in RMB and inclusive of Tax and Service Charge.

所有价格为人民币结算并已包含服务费。

图 5-21　龙虾酒吧酒单·摇和鸡尾酒（续）

Jack 给客人推荐了 Margrita 和 Brandy Alexander 后，为客人表演了花式调酒，再调制了这两杯鸡尾酒。

 器具与材料准备

玛格丽特杯 1 个、三角形鸡尾酒杯 1 个、调酒壶 2 个、量酒器 1 个、杯垫 2 个。

特基拉酒（Tequila）、白兰地 (Brandy)、橙味甜酒（Triple Sec）、棕可可酒（Black Crème Cacao）、柠檬汁（Lemon Juice）、三花淡奶（Three flower full-fat milk），如图 5-22 所示。

（a）特基拉酒　　（b）白兰地　　（c）橙味甜酒　（d）棕可可酒　（e）柠檬汁　　　（f）三花淡奶

图 5-22　摇和鸡尾酒出品的材料准备

酒水出品

一、服务程序一

玛格丽特鸡尾酒的服务程序如下。

（一）调制准备

1）将玛格丽特杯放置在操作台上。

2）将特基拉酒、橙味甜酒、柠檬汁摆放在操作台上。

3）将量酒器、摇酒壶摆放在操作台上。

4）切好柠檬片、挂好盐霜。

玛格丽特的调制准备如图 5-23 所示。

（a）玛格丽特杯　（b）特基拉酒、橙味甜酒、柠檬汁　（c）量酒器、摇酒壶　（d）挂好盐霜

图 5-23　玛格丽特的调制准备

（二）调制过程

1）将冰块加入调酒壶中。

2）用量酒器将特基拉酒 1.5oz、橙味甜酒 1/2oz、柠檬汁 1oz 加入调酒壶。

3）摇匀后将酒液滤入玛格丽特杯中。

4）将柠檬片投入杯中。

玛格丽特的调制过程如图 5-24 所示。

（三）酒水出品

1）将调好的酒水放在杯垫上。

2）请 Catherine 慢用。

（四）整理吧台

1）把所有酒水原料放回原位。

2）清洗调酒用具。

（a）量取特基拉

（c）量取柠檬汁

（b）量取橙味甜酒

（d）大力摇匀

（e）滤冰

（f）投入柠檬片

图 5-24　玛格丽特的调制过程

二、服务程序二

白兰地亚历山大鸡尾酒的服务程序如下。

（一）调制准备

1）将鸡尾酒杯（先用冰块冰杯）放置在操作台上。

2）将白兰地酒、棕可可酒、三花淡奶摆放在操作台上。

3）将量酒器和摇酒壶摆放在操作台上。

4）磨好豆蔻粉。

（二）调制过程

1）将冰块加入调酒壶中。

2）用量酒器依次将白兰地酒 2/3oz、棕可可酒 2/3oz、三花淡奶 2/3oz 量入到加有冰块的调酒壶中。

3）摇匀后将酒液滤入鸡尾酒杯中。

4）将豆蔻粉洒在杯子的中心。

白兰地亚历山大鸡尾酒的调制过程如图 5-25 所示。

5-4　白兰地亚历山大出品

（a）量取白兰地

（b）量取棕可可

（c）量取淡奶

（d）大力摇匀

（e）滤冰

（f）撒上豆蔻粉

图 5-25　白兰地亚历山大鸡尾酒的调制过程

（三）酒水出品

1）将调好的酒放在杯垫上（图 5-26）。

2）请 Mike 慢用。

（四）整理吧台

1）把所有酒水原料放回原位。

2）清洗调酒用具。

三、出品标准

图 5-26　白兰地
亚历山大

1）选用正确的载杯——玛格丽特杯、鸡尾酒杯。

2）酒品出品要求如下。①玛格丽特：上霜均匀美观、酒液不滴洒、摇和均匀、垫好杯垫。②白兰地亚历山大：酒液不滴洒、摇和均匀、出酒分量标准、酒杯冰冻效果好、豆蔻粉装饰均匀、垫好杯垫。

知识银行

一、鸡尾酒的分类

经过 200 多年的创新与发展，鸡尾酒的配方已有数千种，其分类方法、种类较多。根据传统的鸡尾酒特点，一般从以下几方面来分类。

（一）按照调制方法划分

按照调制原料和方法，鸡尾酒可分为长饮、短饮两大类。

1. 长饮

长饮是用烈酒、果汁、汽水等混合调制的鸡尾酒。长饮是较为温和的酒品，分量一般较多，多使用柯林斯杯、高身杯，酒精含量较低，一般为 5°～10°，适于消磨时间、悠闲饮用，如自由古巴、金汤力等鸡尾酒。

2. 短饮

短饮是用烈性酒为原料调制而成的鸡尾酒。短饮分量较少，酒精含量高，一般在 20°以上，口感和味道一般比较浓重，如马提尼、曼哈顿等鸡尾酒。

3. 仿造鸡尾酒

仿造鸡尾酒则是以各种果汁、汽水、糖浆等不含酒精或酒精含量低于 0.5% 的饮料为原料，调制出具有普通鸡尾酒的色彩和香味，因此仿造鸡尾酒酒精含量都少于 0.5%。仿造鸡尾酒特别适合不能喝酒或者不宜喝酒的场合。

（二）按照饮用时间和场合划分

鸡尾酒按照饮用时间和场合可分为餐前鸡尾酒（pre-dinner/pre-meal cocktail）和餐后鸡尾酒（after-dinner cocktail）。

1. 餐前鸡尾酒

餐前鸡尾酒又称餐前开胃鸡尾酒。这类鸡尾酒通常含糖分较少，口味或酸、或干烈，酒液中含有适量的肌醇，能增强肠的吸附能力，促进人的食欲，适宜在餐前饮用，如马天尼、曼哈顿、威士忌酸等。

2. 餐后鸡尾酒

餐后鸡尾酒口味较甜，是餐后佐以甜品、帮助消化的酒品，如青蚱蜢、边车、亚历山大等。

（三）按照鸡尾酒的基酒划分

1. 金酒类鸡尾酒

金酒类鸡尾酒（gin cocktail）是以金酒为基酒调制的各款鸡尾酒，如干马天尼、新加坡司令等。

2. 伏特加酒类鸡尾酒

伏特加酒类鸡尾酒（vodka cocktail）是以伏特加酒为基酒调制的各款鸡尾酒，如血玛丽、莫斯科之骡等。

3. 朗姆酒类鸡尾酒

朗姆酒类鸡尾酒（rum cocktail）是以朗姆酒为基酒调制的各款鸡尾酒，如百家地、自由古巴等。

4. 威士忌类鸡尾酒

威士忌类鸡尾酒（whiskey cocktail）是以威士忌为基酒调制的各款鸡尾酒，如威士忌酸、罗布罗伊等。

5. 白兰地类鸡尾酒

白兰地类鸡尾酒（brandy cocktail）是以白兰地为基酒调制的各款鸡尾酒，如白兰地亚历山大、史丁格等。

6. 特基拉酒类鸡尾酒

特基拉酒类鸡尾酒（tequila cocktail）是以特基拉酒为基酒调制的各款鸡尾酒，如玛格丽特、特基拉日出等。

7. 葡萄酒类鸡尾酒

葡萄酒类鸡尾酒（wine cocktail）是以葡萄酒为基酒调制的各款鸡尾酒，如柯尔、红酒库勒等。

8. 香槟酒类鸡尾酒

香槟酒类鸡尾酒（champagne cocktail）是以香槟酒为基酒调制的各款鸡尾酒，如香槟鸡尾酒、香槟宾治等。

9. 利口酒类鸡尾酒

利口酒类鸡尾酒（liqueur cocktail）是以利口酒为基酒调制的各款鸡尾酒，如青蚱蜢、布希球等。

另外，在中国利用中国白酒创制的鸡尾酒也逐步增多，正逐渐被消费者所欣赏和接受。

（四）按照鸡尾酒的制作特点划分

按照鸡尾酒的制作特点分类，鸡尾酒有二十多种，在此仅列出最常见的类别。

1. 亚历山大类

亚历山大类（alexander）指以鲜奶油、咖啡利口酒或可可利口酒，以及烈性酒配制的鸡尾酒，一般用摇和法调制而成，以三角形鸡尾酒杯为载杯，如亚历山大、金亚历山大等。

2. 霸克类

霸克类（buck）鸡尾酒是一种长饮类鸡尾酒，用烈性酒加苏打水或姜汁汽水，直接在饮用杯内用调酒棒搅拌而成，以海波杯盛装，如苏格兰霸克、金霸克、白兰地霸克等。

3. 考布勒类

考布勒类（cobbler）鸡尾酒是一种长饮类鸡尾酒，以烈性酒或葡萄酒为基酒，加糖粉、二氧化碳饮料及利口酒等调制而成，以装满碎冰的海波杯或果汁杯为载杯，用水果片装饰。其中，带有香槟酒的考布勒以香槟杯盛装，如金考布勒、白兰地考布勒、香槟考布勒等。

4. 柯林类

柯林类（collins）鸡尾酒是一种长饮类鸡尾酒，又名"清凉饮料"，由烈性酒加柠檬汁、苏打水和糖浆调配而成，以柯林斯杯盛装，如白兰地柯林斯、汤姆柯林斯等。

5. 得其利类

得其利类（daiquiri）鸡尾酒是以烈性酒为基酒，与糖浆、柠檬汁或水果混合调配而成的鸡尾酒，并挂有糖霜，适宜餐前饮用或佐餐用，可助消化，增进食欲，如得其利、香蕉得其利。

6. 费兹类

费兹类（fizz）鸡尾酒是一种长饮类鸡尾酒，以烈性酒或利口酒、柠檬汁、石榴糖浆、砂糖等为材料，最后注满苏打水，以柯林斯杯为载杯。其名来自于碳酸溶于水时的"兹兹"声，如金费兹、银费兹。

7. 漂漂类

漂漂类（float）鸡尾酒指以利口酒为主，蒸馏酒为辅，利用酒水比重或密度不同，使不同的酒水按照由重到轻的顺序漂浮在液面上形成色差，分出层次的一种鸡尾酒，如彩虹鸡尾酒、B-52轰炸机。

8. 朱丽浦类

朱丽浦类（julep）鸡尾酒是以威士忌或白兰地为基酒，加入糖浆、薄荷叶（捣烂），注入装满冰块的载杯而成的鸡尾酒，如白兰地朱丽浦、南方各州朱丽浦、薄荷朱丽浦。

9. 宾治类

宾治类（punch）鸡尾酒以葡萄酒或烈性酒为基酒，加入水果、果汁、苏打水或汽水等混合调制而成，是酒会的典型鸡尾酒。宾治类通常不以单杯调制，常以几杯、几十杯或上百杯配制而成，用于各类酒会、宴会和聚会等，如香槟宾治、白兰地宾治。

10. 司令类

司令类（sling）鸡尾酒以烈性酒加柠檬汁、糖浆、调味利口酒和苏打水调配而成，如新加坡司令。

11. 酸酒类

酸酒类（sour）鸡尾酒以烈性酒为基酒，加入柠檬汁、糖浆配制而成，有时也添加适量苏打水，如威士忌酸、酸金酒。

12. 马天尼类

马天尼酒（martini）的原型是杜松子酒加某种酒，最早以甜味为主，选用甜苦艾酒为辅料。在众多鸡尾酒中，马天尼的进化蜕变最快，走在流行尖端，是鸡尾酒界里的"多面手"。现今马天尼成为一种酒而非一款酒，即以无色烈酒（大多数选用伏特加）为基酒，再调入其他颜色、味道的辅料，如干马天尼、甜马天尼、苹果马天尼、芒果马天尼、山莓马天尼等。

二、摇和法鸡尾酒的调制方法

1. 摇和法

摇和法是将酒水加入到含有冰块的摇酒壶中摇动，摇匀后过滤冰块，将酒液倒入杯中。

采用摇和法的鸡尾酒一般多使用鸡尾酒杯盛装。

2. 摇和法的注意事项

第一，摇和法分单手摇和双手摇两种，单手摇适用小号和中号调酒壶，双手摇适合大号调酒壶。

第二，含有碳酸饮料的原料不能放入调酒壶摇动。

第三，摇和法的摇动动作须快速、剧烈，使得各种原料快速地、充分地混合。

第四，摇动时，手臂自然舒展摇动，充分使用手腕力量。

3. 摇合法鸡尾酒的代表配方

1) 得其利的配方如表 5-17 所示。

表 5-17　得其利

酒名	得其利（Daiquiri）	
基酒	百加得朗姆酒 1.5oz	Bacardi Rum 1.5oz
辅料	柠檬汁 1oz 白糖浆 1/2oz（或白糖粉 1 汤匙）	Lemon Juice 1oz Plain syrup 1/2oz (or icing sugar 1tsp)
酒杯	三角形鸡尾酒杯	Cocktail glass
装饰物	红樱桃	Red cherry
调制方法	摇和法	Shake
操作过程	将原料按分量加入到含有冰块的摇酒壶中，充分摇匀后，将酒液滤入三角形鸡尾酒杯中，最后将红樱桃挂在杯口作装饰	

2) 白兰地亚历山大的配方如表 5-18 所示。

表 5-18　白兰地亚历山大

酒名	白兰地亚历山大（Brandy Alexander）	
基酒	白兰地 2/3oz	Brandy 2/3oz
辅料	棕可可酒 2/3oz 高脂鲜奶油 2/3oz	Cream de cacao brown 2/3oz Heavy cream 2/3oz
酒杯	三角形鸡尾酒杯	Cocktail glass
装饰物	豆蔻粉	Nutmeg
调制方法	摇和法	Shake
操作过程	将原料按分量加入到含有冰块的摇酒壶中，充分摇匀后，将酒液滤入三角形鸡尾酒杯中，最后将豆蔻粉均匀撒到饮品上作装饰	

3) 红粉佳人的配方如表 5-19 所示。

表 5-19 红粉佳人

酒名	红粉佳人（Pink Lady）	
基酒	金酒 1.5oz	Gin 1.5oz
辅料	柠檬汁 3 茶匙 红石榴汁 1 茶匙 鲜蛋白 1 个	Lemon juice 3 teaspoon Grenadine 1 teaspoon Egg white 1
酒杯	三角形鸡尾酒杯	Cocktail glass
装饰物	红樱桃	Red cherry
调制方法	摇和法	Shake
操作过程	将原料按分量加入到含有冰块的摇酒壶中，充分摇匀后，将酒液滤入三角形鸡尾酒杯中，最后将红樱桃挂在杯口作装饰	

4）威士忌酸的配方如表 5-20 所示。

表 5-20 威士忌酸

酒名	威士忌酸（Whisky Sour）	
基酒	兑和威士忌 1.5oz	Blended Whisky 1.5oz
辅料	柠檬汁 1oz 白糖浆 1/2oz	Lemon juice 1oz Plain syrup 1/2oz
酒杯	酸味杯	Sour glass
装饰物	半片柠檬、红樱桃	A half slice of lemon red cherry
调制方法	摇和法	Shake
操作过程	将原料按分量加入到含有冰块的摇酒壶中，充分摇匀后，将酒液滤入酸酒杯中，最后将半片柠檬与一只红樱桃穿在一起投入作装饰	

5）旁车的配方如表 5-21 所示。

表 5-21 旁车

酒名	旁车（Side Car）	
基酒	白兰地 1.5oz	Brandy 1.5oz
辅料	白橙酒 1/2oz 柠檬汁 1oz	Triple sec 1/2oz Lemon juice 1oz
酒杯	三角形鸡尾酒杯	Cocktail glass
装饰物	糖粉、柠檬片	Icing sugar, lemon slice
调制方法	摇和法	Shake
操作过程	将原料按分量加入到含有冰块的摇酒壶中，充分摇匀后，将酒液滤入三角形鸡尾酒杯中，最后将柠檬片挂杯装饰	

6）百加地的配方如表 5-22 所示。

表 5-22　百加地

酒名	百加地（Bacardi Cocktail）	
基酒	百加地朗姆酒 1.5oz	Bacardi Rum 1.5oz
辅料	柠檬汁 1oz 红石榴糖浆 1/2 茶匙	Lemon juice 1oz Grenadine 1/2tsp
酒杯	三角形鸡尾酒杯	Cocktail glass
装饰物	无	Nil
调制方法	摇和法	Shake
操作过程	将原料按分量加入到含有冰块的摇酒壶中，充分摇匀后，将酒液滤入鸡尾酒杯中	

7）青蚱蜢的配方如表 5-23 所示。

表 5-23　青蚱蜢

酒名	青蚱蜢（Grasshopper）	
基酒	绿薄荷酒 2/3oz	Creme de Menthe Green 2/3oz
辅料	白可可酒 2/3oz 淡奶油 2/3oz	Creme de cacao white 2/3oz Light cream 2/3oz
酒杯	三角形鸡尾酒杯	Martini glass
装饰物	红樱桃	Red cherry
调制方法	摇和法	Shake
操作过程	将原料按分量加入到含有冰块的摇酒壶中，充分摇匀后，将酒液滤入鸡尾酒杯中，最后将红樱桃挂在杯口作装饰	

8）玛格丽特的配方如表 5-24 所示。

表 5-24　玛格丽特

酒名	玛格丽特（Margarita）	
基酒	龙舌兰酒 1.5oz	Tequila1 1/2oz
辅料	白橙酒 1/2oz 柠檬汁 1oz	Triple sec 1/2oz Lemon juice 1oz
酒杯	玛格丽特杯	Margarita glass
装饰物	盐霜、柠檬片	Salt rim, lemon slice
调制方法	摇和法	Shake
操作过程	将原料按分量加入到含有冰块的摇酒壶中，充分摇匀后，将酒液滤入挂有盐霜的玛格丽特杯中，最后将柠檬片投入杯中作装饰	

三、酒吧英语

Shaking Versus Stirring (2)

Shaking adds millions of bubbles to a cocktail, which is fine for a cocktail like Daiquiri or Margarita; those concoctions should be effervescent and alive in the glass when you drink them. As Harry Craddock said in his *Savoy Cocktail Book* (1930), a cocktail should be consumed "quickly while it's laughing at you". Conversely, Martini and Mahattan should have a cold, heavy, silky texture, not light and frothy. I always stir them. Mind you, shaking doesn't permanently change the flavor of Gin and Vodka; it temporarily fills the solution wth air bubbles that change the texture on the tongue. After a minute, the bubbles will disperse and the drink will taste the same as if you had stirred it, but don't let me dissuade you. Enjoy your Martini well shaken, if that's your pleasure.

参考译文

摇和法和调和法（2）

摇和法使得鸡尾酒中产生无数的气泡，对于像代基里和玛格丽特这样的鸡尾酒来说，这种做法恰到好处，因为这种酒在饮用时本就应该是在杯中鲜活跳跃的。正如哈利·克拉多克在他的著述*Savoy Cocktail Book*（1930）所说，一杯鸡尾酒应该在"正在向你微笑时快速"喝下去。相反，马天尼和曼哈顿的质地则应该有冰冷、强烈、丝滑的质感，而非清淡而富有泡沫的。所以对于这两种鸡尾酒，我都是运用调和法。请注意，摇和法其实并不会永久改变金酒和伏特加的味道，而只是暂时使得酒液中充满泡沫，从而改变了酒饮用时的质感而已。过一会儿，泡沫消散，饮料喝起来就会和调和法调出的酒一样了。但是只要你喜欢，又何必理会这些，尽管去享受摇和法的马天尼吧！

 拓展训练

1. 练习为客人推荐摇和法鸡尾酒

要求：1）熟记酒吧现有的摇和法鸡尾酒的品种、价格。

2）掌握单手、双手摇酒壶的操作手法。

3）熟悉摇和法鸡尾酒的定义、特点、操作过程。

2. 练习摇和法鸡尾酒的出品

要求：1）认识摇和法使用的载杯。

2）了解各类摇和法鸡尾酒的出品标准。

3）掌握摇和法鸡尾酒的服务程序。

任务五　　搅和法鸡尾酒出品

点单

9 月 23 日晚上 11:00，Catherine 和 Mike 来到中国大酒店的龙虾酒吧。他们的商务之旅即将结束，明天回国。Jack 翻开龙虾酒吧酒单第 22 页"搅和鸡尾酒"，如图 5-27 所示，向他们最后推荐一类鸡尾酒。

Lobster Bar Beverage list
龙虾酒吧酒单

COCTAIL（鸡尾酒）	Glass/ 杯
Banana Daiquiri（香蕉得其利）	58
Chi Chi（琪琪）	58
Pina Colada（椰林飘香）	58
Silver Fizz（银菲士）	58
Jocose Julep（诙谐朱丽普）	58
Borinquen（波多黎各岛）	58
Sloe Tequila（野莓龙舌兰）	58
Peppermint Twist（薄荷卷）	58

All Prices are in RMB and inclusive of Tax and Service Charge.
所有价格为人民币结算并已包含服务费。

图 5-27　龙虾酒酒单·搅和鸡尾酒

Catherine 点了一杯 Pina Colada，Mike 要了一杯 Jocose Julep，作为自己在中国大酒店龙虾酒吧的最后一杯。

器具与材料准备

器具：柯林斯杯 2 个、搅拌机 1 台、量酒器 1 个、杯垫 2 个。

材料：朗姆酒（rum）、椰奶（coconut juice）、波本威士忌（bourbon whisky）、绿薄荷酒（crème de menthe green）、青柠汁（lime juice）、白糖浆（plain syrup）、苏打水（soda water）、菠萝汁（pineapple juice），如图 5-28 所示。

（a）朗姆酒、菠萝汁、椰奶

 酒水出品

一、服务程序一

（b）绿薄荷、威士忌、白糖浆、苏打水

图 5-28　搅和鸡尾酒出品的材料准备

Pina Colada 的服务程序如下。

（一）调制准备

1）将柯林斯杯放置在操作台上。

2）将朗姆酒、椰奶、菠萝汁，依次摆放在操作台上。

3）将量酒器、搅拌机摆放在操作台上。

4）将菠萝片、红樱桃、吸管、搅拌棒备好（图 5-29）。

（二）调制过程

1）用量酒器将朗姆酒 2oz、椰奶 3 汤匙、菠萝汁 3 汤匙加入搅拌机中，再将碎冰加进搅拌机中，中速搅拌后滤入柯林斯杯中。

2）将穿好的菠萝片和红樱桃挂在杯口上，并加入吸管和搅拌棒。

Pina Colada 的调制过程如图 5-30 所示。

（a）菠萝片、红樱桃　　　　　　（b）吸管、搅拌棒

图 5-29　菠萝片、红樱桃、吸管和搅拌棒

（a）量取朗姆酒　　　　　（b）量取椰奶　　　　　（c）量取菠萝汁

（d）加入碎冰　　　（e）挂杯装饰、插入吸管搅拌棒

图 5-30　Pina Colada 的调制过程

（三）酒水出品

1）将调好的酒水放在杯垫上（图 5-31）。

2）请 Catherine 慢用。

（四）整理吧台

1）把所有酒水原料放回原位。

2）清洗调酒用具。

二、服务程序二

Jocose Julep 的服务程序如下。

（一）调制准备

1）将柯林斯杯放在操作台上。

2）将波本威士忌、绿薄荷酒、青柠汁、白糖浆、苏打水摆放在操作台上。

3）将量酒器、搅拌机摆放在操作台上。

4）准备几片捣碎的薄荷叶子（图 5-32）。

图 5-31　调好的
Pina Colada

图 5-32　薄荷叶

（二）调制过程

1）把所有原料放入不加冰的搅拌机中，中档搅拌。

2）搅拌后，倒入装有冰块的柯林斯杯中。

3）再倒满苏打水。

4）将捣碎的薄荷叶子撒到液面上，插入吸管、搅拌棒。

Jocose Julep 的调制过程如图 5-33 所示。

（a）搅拌　　　（b）装杯　　　（c）加入苏打水　　　（d）加入薄荷叶、吸管、搅拌棒

图 5-33　Jocose Julep 的调制过程

图 5-34　Jocose Julep

（三）酒水出品

1）将调好的酒放在杯垫上。

2）请 Mike 慢用。

Jocose Julep 的酒水出品如图 5-34 所示。

（四）整理吧台

1）把所有酒水原料放回原位。

2）清洗调酒用具。

三、出品标准

1）选用正确的载杯——柯林斯杯。

2）酒品出品要求如下。① Pina Colada：酒液不滴洒、出酒量标准、垫好杯垫。② Jocose Julep：酒液不滴洒、搅拌时不加冰、出品时放好吸管搅拌棒、垫好杯垫。

 知识银行

一、鸡尾酒装饰

装饰（garnish）是鸡尾酒的一个重要组成部分，起着增添鸡尾酒美感的重要作用。鸡尾酒的装饰材料和装饰方法有多种，采用何种材料和方法，取决于调酒原料、调制方法和饮用方法。

1. 鸡尾酒的装饰材料

鸡尾酒常用的装饰材料为水果、植物茎叶、鲜花、实物用具等。水果一般使用柠檬、樱桃、橙、菠萝、杨桃、草莓、青苹果等；植物茎叶有薄荷叶、西芹秆等无毒的新鲜茎叶；鲜花有洋兰、海棠等干净无毒的小花卉；实物用具有调酒棒、吸管、酒针、小雨伞等工艺品、载杯、杯垫等。

2. 鸡尾酒的装饰方法

鸡尾酒的装饰方法有 3 种。

第一种是杯口装饰，这是最常见的装饰方法，即将装饰物放置在杯口，简洁美观，与酒品协调一致。杯口装饰物可使用新鲜水果、鲜花等。雪霜杯是最典型的一种杯口装饰，是指杯口粘着一层盐或糖。

第二种是杯中装饰，是将装饰物放入杯中，浸泡在鸡尾酒液中。杯中装饰物对鸡尾酒口感有一定的影响，因此这种方法同时具有装饰和调味的功能。杯中装饰物可使用新鲜水果和冰块。

第三种是实物用具装饰，是指利用调酒棒、吸管、酒针、小工艺品等调酒工具来使酒品更加美观，方便顾客使用。

3. 鸡尾酒的装饰原则

鸡尾酒装饰的材料和方法较多，无论选择何种，都应遵守以下 4 个原则。

第一，调酒原料中含有果汁的鸡尾酒，可以选择对应水果或口味相似的水果作装饰物。

第二，调酒原料中不含有果汁的鸡尾酒，可以依据鸡尾酒的颜色和口味来挑选装饰材料和方法。

第三，采用组合装饰物时，材料不宜超过 3 种，色彩搭配应和谐，组合形式错落有致。

第四，装饰物应切合主题，就简去繁，不可喧宾夺主，应锦上添花。

二、搅和法鸡尾酒的调制方法

1. 搅和法

搅和法指把酒水与碎冰块按分量放进搅拌机中，中低速搅拌 10 秒钟，冰块酒水一起倒入杯中。用搅和法调制的鸡尾酒一般使用柯林斯杯和特饮（如飓风杯）杯来盛放。

2. 搅和法的注意事项

第一，投料顺序依据鸡尾酒配方将碎冰、辅料及酒水依次放入搅拌机中。

第二，投料前应将水果去皮切成丁、片、块等易于搅拌的形状，然后再将原料投放入搅拌杯中。

第三，将原料投放完毕后，将搅拌机的杯盖盖好（以防止高速搅拌时酒液四溅），开动电源使其混合搅拌。

第四，待搅拌机马达停止工作后，将搅拌混合好的酒液和碎冰一起倒入载杯。

3. 搅和法鸡尾酒的代表配方

1）香蕉得其利的配方如表 5-25 所示。

表 5-25　香蕉得其利

酒名	香蕉得其利（Banana Daiquiri）	
基酒	百家地朗姆酒 1.5oz	Bacardi Rum 1.5oz
辅料	橙味甜酒 1/2oz 柠檬汁 1oz 香蕉半只	Triple sec 1/2oz Lemon juice 1oz Banana 1/2 slice
酒杯	阔口香槟杯	Champagne saucer
装饰物	红樱桃、搅拌棒、吸管	Red Cherry、Stirrer、Straw
调制方法	搅和法	Blend
操作过程	将上述原料量入搅拌机中，加入碎冰，以中速搅拌 10 秒，将搅拌混合好的酒液和碎冰一起倒入阔口香槟杯中，用红樱桃挂在杯口装饰	

2）琪琪的配方如表 5-26 所示。

表 5-26　琪琪

酒名	琪琪（Chi Chi）	
基酒	伏特加酒 1.5oz	Vodka 1.5oz
辅料	椰子甜酒 1oz 菠萝汁 3oz	cream of coconut 1oz Pineapple juice 3oz
酒杯	红葡萄酒杯	Red wine
装饰物	菠萝片、红樱桃、搅拌棒、吸管	Pineapple slice, Red cherry、stirrer、straw
调制方法	搅和法	Blend
操作过程	将上述原料量入搅拌机中，加入碎冰，以中速搅拌 10 秒，将搅拌混合好的酒液和碎冰一起倒入红葡萄酒杯中，将菠萝片与红樱桃穿起来挂在杯口装饰	

3）椰林飘香的配方如表 5-27 所示。

表 5-27　椰林飘香

酒名	椰林飘香（Pina Colada）	
基酒	朗姆酒 2oz	Rum 2oz
辅料	椰奶 3 汤匙 菠萝汁 3 汤匙	Coconut juice 3 tablespoon Pineapple juice 3 tablespoon
酒杯	柯林斯杯	Collins glass
装饰物	菠萝片、红樱桃、搅拌棒、吸管	Pineapple slice, red cherry, stirrer, straw
调制方法	搅和法	Blend
操作过程	先将上述原料量入搅拌机中，再加入碎冰，以中速搅拌 10 秒，将搅拌混合好的酒液和碎冰一起倒入柯林斯杯中，将菠萝片与红樱桃穿起来挂在杯口装饰	

4）银菲士的配方如表 5-28 所示。

表 5-28　银菲士

酒名	银菲士（Silver Fizz）	
基酒	金酒 1.5oz	Gin 1.5oz
辅料	椰奶 3 汤匙 菠萝汁 3oz	Coconut juice 3 tablespoon Pineapple juice 3oz
酒杯	红葡萄酒杯	Red wine glass
装饰物	菠萝片、红樱桃、搅拌棒、吸管	Pineapple slice, red cherry, stirrer, straw
调制方法	搅和法	Blend
操作过程	将上述原料量入搅拌机中，再加入碎冰，以中速搅拌 10 秒，将搅拌混合好的酒液和碎冰一起倒入红葡萄酒杯中，最后将菠萝片与红樱桃穿起来挂在杯口	

5）诙谐朱丽普的配方如表 5-29 所示。

表 5-29　诙谐朱丽普

酒名	诙谐朱丽普（Jocose Julep）	
基酒	波本威士忌 2oz	Bourbon whishky 2oz
辅料	绿薄荷酒 1/2oz 青柠汁 1oz 糖粉 1 汤匙 苏打水	Crème de Menthe (green) 1/2oz Lime juice 1oz Sugar 1tablespoon Club soda
酒杯	柯林斯杯	Collins glass
装饰物	5 片切碎的薄荷叶、搅拌棒、吸管	5chopped mint leaves、stirrer、straw
调制方法	搅和法	Blend
操作过程	把所有原料放入不加冰的搅拌器里面，搅拌后，倒入装有冰块的柯林斯杯中，然后倒满苏打水，用 5 片捣碎的薄荷叶子作装饰	

6）波多黎各岛的配方如表 5-30 所示。

表 5-30　波多黎各岛

酒名	波多黎各岛（Borinquen）	
基酒	淡朗姆酒 1.5oz	Light Rum 1.5oz
辅料	百香果糖浆 1 汤匙 青柠汁 1oz 橙汁 1oz 151 朗姆酒 1oz	Passion fruit syrup 1tablespoon Lime juice 1oz Orange juice 1oz 151 Proof rum 1oz
酒杯	古典杯	Old-fashioned glass
装饰物	搅拌棒、吸管	Stirrer、straw
调制方法	搅和法	Blend
操作过程	先在搅拌器中放入半杯碎冰，再加上所有的原料，用低速搅拌，然后倒入古典杯中	

7）野莓龙舌兰的配方如表 5-31 所示。

表 5-31 野莓龙舌兰

酒名	野莓龙舌兰（Sloe Tequila）	
基酒	特基拉酒 1oz	Tequila 1oz
辅料	野梅金酒 1/2oz 青柠汁 1oz 橙汁 1oz 151 朗姆酒 1oz	Sloe Gin 1/2oz Lime juice 1oz Orange juice 1oz 151 Proof rum 1oz
酒杯	古典杯	Old-fashioned glass
装饰物	黄瓜皮卷、搅拌棒、吸管	Twist of cucumber peel、stirrer、straw
调制方法	搅和法	Blend
操作过程	把所有原料放入带有半杯碎冰的搅拌器中，用低速搅拌，然后倒入古典杯中，加上冰块和黄瓜皮卷	

8）薄荷卷的配方如表 5-32 所示。

表 5-32 薄荷卷

酒名	薄荷卷（Peppermint Twist）	
基酒	薄荷酒 1.5oz	Peppermint schnapps 1.5oz
辅料	白可可酒 1/2oz 香草冰激凌球 3勺	Cream de cacao white 1/2oz Vanilla ice cream 3Scoops
酒杯	大号巴菲杯	Large parfait glass
装饰物	小薄荷枝、一根薄荷棒糖、搅拌棒、吸管	A mint sprig, a peppermint candy stick, stirrer, straw
调制方法	搅和法	Blend
操作过程	把所有原料放入带有半杯碎冰的搅拌器中，用低速搅拌，搅拌后倒入大号巴菲杯中，用小薄荷枝和一根薄荷棒糖作装饰	

三、酒吧英语

Mixers and Homemade Liquor

If you've ever been in a bar you know that there are many bottles behind the counter that bartenders, seemingly unconsciously, pull out, pour from and return to a designated place. What is in all those bottles? What is needed to stock a bar? And what could be contained in those long, unmarked plastic bottles with a curved spout, that seem to accent many drinks (sour mix, simple syrup, etc)? Those questions are answered as you explore this section of bottles you'll find behind many bars.

参考译文

调酒用的饮料和自制酒

如果你曾去过酒吧，你就会留意到吧台后面有很多酒瓶，调酒师看似无意地把他们取出、倒酒，然后又放回特定的位置。这些酒瓶里装的是什么？酒吧里需要常备哪些东西？而那些长长的、没有标识还带着弯弯的酒嘴的塑料瓶子里又装着什么呢？是否装有类似于酸甜汁、纯糖浆等的饮料呢？当你探寻这些酒瓶时，你会发现许多与酒吧相关的东西。到那时，这些问题也就会迎刃而解了。

 拓展训练

1. 练习为客人推荐搅和法鸡尾酒

要求：1）熟记酒吧现有的搅和法鸡尾酒的品种、价格。

2）熟悉搅和法鸡尾酒的定义、特点、操作过程。

3）掌握搅拌器的使用、保养。

2. 练习搅和法鸡尾酒的出品

要求：1）认识搅和法鸡尾酒使用的载杯。

2）了解各类搅和法鸡尾酒的出品标准。

3）掌握搅和法鸡尾酒的服务程序。

参 考 文 献

费多·迪夫思吉. 2006. 酒吧圣经. 龚宇，等译. 上海：上海科学普及出版社.

顾洪金. 2002. 调酒. 北京：旅游教育出版社.

郭征. 2008. 葡萄酒鉴赏宝典. 上海：上海科学技术出版社.

劳动和社会保障部教材办公室. 2005. 酒水服务与鸡尾酒调制实训. 北京：中国劳动社会保障出版社.

李卫. 2008. 私享洋酒. 天津：百花文艺出版社.

刘雨沧. 2004. 外国酒水知识及鸡尾酒调制技术. 北京：高等教育出版社.

文含. 2010. 葡萄酒密码. 长沙：湖南文艺出版社.

徐利国. 2010. 调酒知识与酒吧服务实训教程. 北京：高等教育出版社.

许金根. 2005. 酒品与饮料. 杭州：浙江大学出版社.

C A Jo. 1990. Cocktails & Party Drinks. Sydney: Murdoch Books.

D Dale. 2002. The Craft of the Cocktail. New York: Clarkson Potter Publishers.

G Wayne. 2008. Wine Fundamentals Certificate Level 1. International Sommelier Guild Textbook.

R Fiona. 2006. Cocktails. Bath: Parragon Publishing.

R P Jane. 1995. Everything Bartender's Book. New York: Adams Media Corporation.

http://en.wikipedia.org/wiki/Main-Page.